HUI ENGRAVED IN XIXINAN

2015全国五校建筑学专业联合毕业设计作品

周庆华 周 曦 王克宁

张 巍 王 红 编

中国建筑工业出版社

图书在版编目（CIP）数据

徽印西溪南——2015全国五校建筑学专业联合毕业设计作品/周庆华等编. —北京：中国建筑工业出版社，2016.5

ISBN 978-7-112-19409-4

Ⅰ.①徽⋯　Ⅱ.①周⋯　Ⅲ.①建筑设计－作品集－中国－现代　Ⅳ.①TU206

中国版本图书馆CIP数据核字（2016）第094782号

责任编辑：杨　虹　杨　琪
责任校对：陈晶晶　姜小莲

徽印西溪南——2015全国五校建筑学专业联合毕业设计作品
周庆华　周　曦　王克宁　张　巍　王　红　编
＊
中国建筑工业出版社出版、发行（北京西郊百万庄）
各地新华书店、建筑书店经销
北京京点图文设计有限公司制版
北京方嘉彩色印刷有限责任公司印刷
＊
开本：880×1230 毫米　1/16　印张：7½　字数：220千字
2016年6月第一版　2016年6月第一次印刷
定价：58.00元
ISBN 978-7-112-19409-4
（28626）

前　言

　　以践行"国际化"办学宗旨的国际化教学模式正成为国内很多建筑院校新近重要的设计教学趋势。根据各院校实际情况，"国内化"联合教学模式也快速开展起来，联合毕业设计则是高校之间联合教学的重要环节。

　　安徽建筑大学、苏州科技大学、天津城建大学、烟台大学和浙江工业大学五所兄弟院校，具有相似办学历史、条件与背景，并致力于共同探索新的教学模式。由安徽建筑大学发起并成功举办筹备会议，通过了未来每年定期举行联合毕业设计教学活动的提议，翻开了五校联合教学的新篇章。

　　随后五所兄弟院校师生齐聚安徽黄山，历经三个月，同学们通过实地现场踏勘、案例调研测绘、合作交流探讨、立意构思设计、阶段成果汇报等一系列教学环节，认知—理解—传承—发展徽派建筑，为徽州传统建筑的现代与未来进行了创新与探索，为建筑学专业本科教育设计课程教学交出了一份满意的答卷。

　　联合教学极大地激发了师生们的教与学的热情，让他们有机会直面国内不同院校的学习方式与教学授课理念，感受不同的创新活力和思想体系，显著开阔了教与学的视野，为日后的各校学科发展与共同提高也有着很重要的意义。与此同时，联合教学也是院校之间合作、交流的极好机会，共同展示了各院校不同的文化传统、教学环境、办学理念、管理经验等。

　　我们希望，未来联合毕业设计越办越好，院校、师生携手共进，共创辉煌！感谢黄山市建筑设计研究院对本次全国五校联合毕业设计及作品集出版工作的大力支持。

2015全国五校建筑学专业联合毕业设计作品

目 录

Event 1

Event 2

Event 3

Event 4

Event 5

活动大事记

为推动全国建筑学专业教学学术交流与合作，促进建筑学专业教学水平的提高，拓宽教师和学生的视野，更多更好地培养青年人才，由安徽建筑大学发起并组织全国五所高校建筑学专业联合毕业设计筹备会于 2014 年 11 月 25 日在安徽建筑大学建筑与规划学院举行。来自安徽建筑大学、天津城建大学、苏州科技大学、浙江工业大学、烟台大学五所院校的分管教学院长、系主任及专业指导教师共同出席了筹备会。会议讨论并通过了《全国五校建筑学专业联合毕业设计组织管理章程》及《2015 届本科毕业生高校联合毕业设计细则》，并成立了 2015 届五校建筑学专业联合毕业设计学术管理委员会及设计指导委员会。该联合教学能有效推进卓越工程师培养计划的实施，改革与探索新的教学模式，适应国内外建筑类高校的合作与发展趋势，并促进建筑学本科教育的校际互动，加强建筑学专业教师与学生的交流，对提高建筑学专业毕业设计的教学质量有着重要意义。

为了此次联合毕业设计，指导老师多次前往黄山市诸地区，联系当地政府与设计研究院，实地踏勘现场，选择设计适宜地块。

2015 年 3 月 8 日，春回大地，万物复苏。经过几个月的磋商和前期准备工作，来自全国天南海北五所高校共 55 名师生齐聚黄山市，开始了为期一周的前期调研与答辩工作。设计用地选在黄山市徽州区西部的西溪南镇，西溪南镇现已被列入黄山市新一轮城市发展核心区域，区位优势十分明显。西溪南镇古村落保存较完好，基地内拥有国家级重点文物保护单位——老屋阁、绿绕亭，诸多保持较完整的古民居、街巷；大量的明清古建筑，"丰溪八景"、"溪南十园"等遗迹依稀可见。

同学们首先参观、踏勘、测绘了老屋阁、绿绕亭，以及中心街区的传统古建筑，对整个村镇的功能结构、交通网络、人流活动、自然景观以及历史人文进行了实地调研与资料搜集。之后，师生们共同参观了国际知名的中国建筑设计大师李兴钢设计的绩溪博物馆、黄山市徽文化博物馆、图书馆、湖边古村落、外边溪以及黎阳老街等不同种类的新徽派地域建筑、传统古建筑保护利用、改造更新及传承发展的各种类型项目。

Event 6

Event 7

黄山市建筑设计研究院总工韩毅为师生现场做了关于"徽州传统建筑与新徽派建筑设计"的报告，共同解读了地方设计院在新徽派建筑创作和传统建筑再利用的实践活动；给现场的师生们上了一场"徽派建筑"专业课，同学们受益匪浅，一致称赞。

2015年4月21日中期答辩在苏州科技大学举行。答辩过程中，同学们发挥较好，并取得了优异的成绩，老师也给予较高的评价。表明各校同学在指导老师的指导下，做了相当扎实的前期设计与答辩准备工作。

答辩结束后，苏州科技大学还组织各校师生对苏州市几处比较有代表性的更新与保护街区进行了调研和参观，当晚还进行了一场关于苏州运河的保护与更新城市设计的学术讲座。通过该阶段联合教学，师生们均感觉此次苏州之行收获很大。

2015年6月8日至10日，全国五校建筑学专业联合毕业设计终期答辩在美丽的烟台大学举行。答辩过程同学发挥较好水平并取得了优异的成绩。答辩当天五校老师一起共同交流此次联合设计过程中的经验与不足，各校老师一起对下届联合毕设工作做出部署、建议，提出一些改进措施。下届联合毕设主办学校为浙江工业大学。答辩结束后，烟台大学还组织各校师生对烟台市及周边几处比较有代表性的历史街区进行了调研。师生感觉此次烟台之行收获甚大。在接下来的时间，同学们将在指导老师的指导下，尽快进入未来的成果整理阶段，完成成果的出版及参加全国高校建筑学专业指导委员会主办的优秀作业评选活动。

此次联合毕业设计，作为建筑学专业的教育者、学习者，通过不同院校之间的合作教学、不同风格地域建筑的实地考察和调研，不仅提升了专业素养，而且各院校师生得到充分交流，真正促进各自对作品的理解和创作。此次联合毕业设计的改革与探索，作为一种新的教学模式，适应了当下国内外建筑类高校的合作与发展趋势；加强了建筑学专业兄弟院校教师与学生的交流，对提高建筑学专业毕业设计的教学质量有着重要意义。

（2015年4月.苏州科技大学）

Event 8

中期答辩

（2015年4月.苏州科技大学）

Event 9

中期答辩合影

（2015年6月.烟台大学）

Event 10

期终答辩

（2015年6月.烟台大学）

Event 11

期终答辩

Event 13

（2015年3月.安徽黄山市）

讨论会议

Event 14

（2015年4月.苏州科技大学）

中期答辩

（2015年6月.烟台大学）

Event 12

期终答辩

2015全国五校建筑学专业联合毕业设计指导书与任务书

传统街区保护分析及徽州艺术展览馆设计

一、选题意义

历史街区蕴含丰富的历史信息和文化内涵，是传统地区城镇的重要组成部分，是支撑市民精神生活的重要方面，是形成地区文化独特性和多样性的源泉。基于可持续发展思想，运用有机更新理论，对历史街区的保护与更新已成为地区发展、建设的重要内容。

1. 树立建筑遗产保护意识，建立保护观念

掌握建筑遗产保护的相关概念，了解遗产保护的现状概况以及未来发展趋势，从而在建筑设计中树立建筑遗产保护意识，建立保护观念。

2. 关注建筑的历史、人文、地域文化特征

该建筑作为文化类型的建筑，具有社会、文化方面的象征意义。应紧密结合具体地段的历史、人文和地域文化特征，把握建筑与经济、社会、政治、文化、民俗等因素的相互关系，发掘建筑在文化和艺术上的特点和潜力。

3. 把握新旧建筑的共生关系，培养创意能力

该课题作为传统区域的新建项目，应正确处理新旧建筑的组合关系，综合运用建筑设计知识，巧妙利用各种设计要素与创作手段，合理组织内部功能、流线、空间，在满足新旧共生的同时，设计出具有创意的形式和空间。

4. 探讨徽州建筑的当代应用以及新徽派建筑的创作

通过对徽州民居的保护与更新设计，促使学生关注徽州建筑文化，了解徽州建筑布局、形象、结构、人文传统等特征，进而探讨徽州建筑的保护与应用，并引导学生自觉地以徽州建筑文化为原型进行创作，丰富设计内涵，展现徽州地方传统文化底蕴。

二、选题背景

安徽省南部的古徽州地区曾经孕育了灿烂的徽州文化。西溪南镇位于黄山市徽州区西部，与该地区的岩寺镇、呈坎镇、潜口镇及休宁县接壤，国土面积 55.5km²，辖 10 个行政村。镇政府设立在西溪南村，中心镇区面积 4km²，距市政府驻地岩寺 5km，距市政府驻地屯溪 15km。合铜黄高速公路徽州区出口设在该镇琶村。岩竦公路、黄山经济开发区梅林大道及北京—福州、杭州—黄山高速铁路，皖赣铁路三条高铁并站建设的黄山北站设在境内长林村，即将建设的歙县界牌岭至黟县渔亭一级公路穿镇而过，交通非常便捷，使之成为黄山市及徽州区新一轮城市发展规划的重要组成部分。

设计课题的基地位于西溪南镇南部，总保护与建设用地共约 22800 余平方米（详见基地地形图）。该基地南临西溪南大道，北临传统核心街区中街，基地内有前街贯穿而过，且基地内有老屋阁与绿绕亭两处全国重点文物保护单位，基地内有很多保持较完整的古民居及街巷，还有村民自建的新徽派建筑。整体村落街巷保持着很好的空间肌理，建筑风貌整体稍显破落。期冀通过该毕业设计课题研究，针对该地段的特殊问题提出具有针对性的设计策略，改善原有区域风貌与环境品质，有效保护与利用历史建筑，协调与西溪南村落保护区的整体关系，传承并发扬传统文化。

地块需结合中街进行保护及改造规划及徽州艺术展览馆建设用地，具体建筑设计内容详见主要房间功能面积表。设计首先需要对整个西溪南镇进行场地调研，做出整体村落空间分析，其次对整个地块进行保护分析与更新设计，最后进行徽州艺术展览馆设计，并最终完成全部的调研分析、保护分析与单体建筑设计内容。

三、教学目标与要点

1. 总体研究分析层面

为了使历史街区保持活力，在历史街区的街道空间设计时应该充分认识它，尊重它，然后再从中找出其发展演变的过程和规律。同时还应充分了解当前居民的生活和未来发展状态，这样才能发展它、完善它。唯有如此，才能在为街区注入新的活力的同时实现对历史环境的保护及其所蕴含的文化和精神的延续。

2. 保护分析层面

学习传统村落更新理论与方法，了解历史建筑保护与更新利用的关系，理解城市形态与建筑类型的关系，探讨新建筑与传统街区肌理的过渡与衔接手法，思考建设项目中新与旧的关系、保护与发展的关系；理解社区更新与活力复兴的关系。

3. 建筑设计层面

掌握综合文化建筑类型设计的基本原理与规律，掌握建筑尺度与体量的控制方法，探讨文化建筑性格的表达及其设计语言与手法。掌握在众多周边历史建筑与文化环境的制约下，在特殊地段进行建筑设计创新的方法，加深理解建筑与区域、历史、社会、文化、环境的关联性及与社区生活的融合。

四、设计阶段与内容

1. 总体分析研究

主要对整个西溪南镇的总体街区进行分析与研究，包括文献研究和现场研究。文献研究专题由各校教师根据各自教学思路自行设定。现场研究在徽州区开题时五校混编成 5 个小组进行，完成调研报告与 PPT 汇报。主要内容如下：

1）调研整个西溪南镇区的功能结构、交通、人流、景观、历史与人文等。

2）调研街区的街景、建筑立面及形式，并对保护建筑进行质量评价。

3）选择某一栋建筑进行重点调研，包括建筑院落、空间、平面功能、立面材质等进行分析。

4）对徽州地区类似街区案例进行分析，每组完成三个案例，其中分别是：传统历史街区的分析、新老街区结合的街区分析及改造与更新后的街区分析（包含带有较好公建项目的街区）。

2. 整体地块保护分析及单体建筑设计

1）先对整个地块的建筑进行分析，确定保留的、可以保留的及必须拆除的三种建筑现状分析。

2）对整个地块的场地、交通条件及周边地块的关系进行总体分析。

3）考虑到艺术展览馆的发展用地及结合中街综合考虑其他建筑功能业态的总体布局，包括环境、广场、景观绿化、商业集聚、人流集散及活动场地。

4）徽州艺术展览馆总建筑面积规模控制在 12000m² 左右，其中地上 10000m² 左右，地下 2000m² 左右，总面积允许 ±10%。且必须考虑发展用地。各主要用房及要求详见建筑用房功能及面积分配表。

5）根据建筑完成后的场地并结合保护建筑及基地道路及入口关系完成整体室外环境设计。

6）艺术展览馆布局应功能分区明确、交通组织合理、各类流线避免交叉。

7）地下室包含汽车库、设备用房及少量库房。

8）自动扶梯、观光电梯、客梯及货梯根据各自的功能自行设置。

9）要满足无障碍设计要求。

10）应符合现行国家有关规范和标准的要求。

五、设计成果要求

1. 设计图纸

1）总体研究部分：

五校混编成 8 个小组，每组 5 个同学分别来自不同的学校，每组有 1～2 名指导老师，完成 8 份调研报告及 PPT 成果汇报。

2）保护分析总体设计及建筑设计部分：

A1 展板，每两人一组完成，每组不少于 8 张。

○1 总体保护分析包含区位分析图、用地现状图、总平面图、鸟瞰图、街景透视图、设计结构分析图、改造措施分析图、用地功能分析图、体量高度分析图、交通流线分析图、开放空间系统分析图、景观绿化系统分析以及设计导则列表、设计说明等。

○2 徽州艺术展览馆建筑设计部分应包含总平面图、各层平面图、主要立面图、主要剖面图、屋顶层剖面图、墙身大样剖面图、透视表现图以及各种分析图、设计说明等，图纸比例自定。

2. 实物模型

整体地块的模型比例为 1：500。模型两人一组（与图纸分组一致）完成，各校应统一底盘尺寸，材料不限。

3. 设计文本

总体研究、地块分析及单体建筑设计三部分的汇总与编排，A3 软装格式。

4. 展览及出版页面排版文件

具体细则中期交流时根据展览场地与出版要求五校共同商定。

六、时间安排

主要功能用房及面积分配表

分区	房间名称	建筑面积（m²）
公共区	学术报告厅及附属房	500
	接待室	150
	艺术阅览室	200
	多媒体阅览室	150
	艺术品店	150
	大小培训教室	200
展区	大、中、小展厅	3000
办公区	行政办公	350
	技术用房	300
休息区	休息茶座及休息厅	200
创作区	艺术沙龙	750
	创作室	500
库区	临时展品库	150
	大、中、小展品库	800
其他	各种交通、卫生间、设备房等	2600
地下室	车库、设备用房及库房	2000
总计		12000

备注：1. 以上面积可以根据设计需要做适当调整；2. 各个分区功能用房可以拆分为大小用房，各分区总面积符合要求即可，且可以增加各功能房间的附属及配套用房。

进度安排表

阶段	时间	工作进度	地点
第一阶段	2015.03.08 ～ 2015.03.13	现场调研，讲解任务书及地形现状条件、相关讲座，开题。完成调研报告，以 PPT 形式进行成果汇报	项目地点：安徽黄山市徽州区西溪南镇
第二阶段	2015.03.14 ～ 2015.04.19	各校自行安排讲课、收集案例、分析整理、理念构思、保护分析及单体方案设计	各自学校
第三阶段	2015.04.20 ～ 2015.04.23	中期答辩、讲座、各校相互交流。成果为展板及 PPT 汇报	苏州科技学院
第四阶段	2015.04.24 ～ 2015.06.07	深化场地空间环境和总体地块总图布局，完善、优化单体建筑方案设计，完成保护分析及单体设计成果和模型	各自学校
第五阶段	2015.06.08 ～ 2015.06.11	成果答辩、展览、交流及讲座成果为文本、展板、模型及 PPT 或多媒体汇报	烟台大学

基地简介

元至治元年（1321），吴氏号梅溪居士，写了一篇《溪南吴氏八景记》。明弘治十一年，苏州吴门四才子之一的祝允明来游西溪南，见《八景记》后便即题赋。

八景为祖祠乔木、梅溪草堂、南山翠屏、东畴绿绕、清溪涵月、西陇藏云、竹坞凤鸣、山源春涨。除此，旧曾有十大名楼，二十处名馆阁，二十四名堂、院，十大寺庵，十大社屋，十大牌坊，至今保留明代建筑十多处，清代民居一百多幢，其中老屋阁和绿绕亭属全国重点文物保护单位。老屋阁位于西溪南镇西溪南村前街偏西，据《丰南志》载："在鱼翁塘西岸，此为元代所建"。其中糅合了宋代的一些建筑艺术，新中国成立后一直受到政府的重视和保护。屋为天井式合院，二层楼，占地面积 342 平方米。绿绕亭紧靠老屋阁，亭名取宋王安石"一水护田将绿绕"诗意，始建于南宋。亭平面近正方形，跨街而立，飞檐翘角，画栋雕梁手法多变。造型独特，剖面如琴，月式梁，罗汉枋。

本次设计课题用地南临西溪南大道，北临传统核心街区中街，其保护与建设用地共约 22800 余平方米。基地内有前街贯穿而过，且有老屋阁与绿绕亭两处全国重点文物保护单位，村庄内不仅有很多保持较完整的古民居，还有很多村民自建的新徽派建筑。

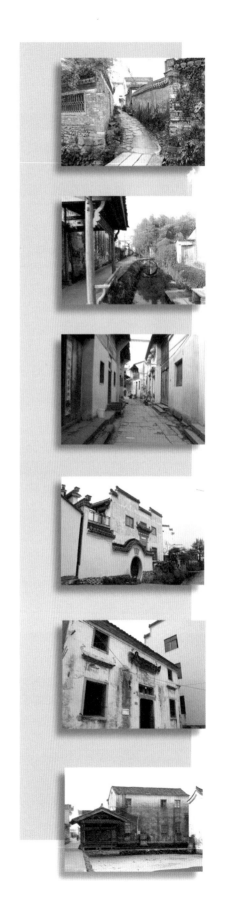

基地地形

西溪南古村落位于丰乐河上游南岸，坐东朝西，因自然山势缓坡而建。有着1200余年的历史，曾是古徽州最最富庶的地方，因临溪水建村而得名。现存明清古建筑群总面积2.71万平方米，由围墙、名居、祠堂、古榕、池塘等组成。

全村巷道排列有序，7条横巷和11条纵巷组成四通八达的巷网，阡陌交通。建筑出宗祠为三开间三进外，其余的家祠多为三开间二进。村名房屋整齐划一，均为明字间和金字间建筑。

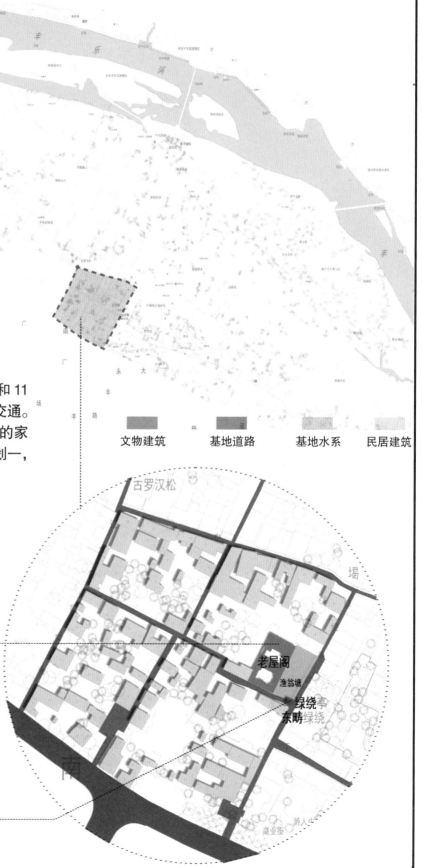

| 文物建筑 | 基地道路 | 基地水系 | 民居建筑 |

5+Design

浙江工业大学
烟台大学
天津城建大学
苏州科技大学
安徽建筑大学

调研成果

传统街区保护及徽州艺术展览馆设计
TRADITIONAL BLOCK PROTECTION AND ART MUSEUM DESIGN IN HUIZHOU

胡佐凯（浙江工业大学）　曹　翔（　烟台大学　）
徐　源（安徽建筑大学）　闫　寒（天津城建大学）
王　骞（苏州科技学院）

调研A组　　　　　　　　　　　　指导老师：朱　怿

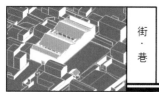

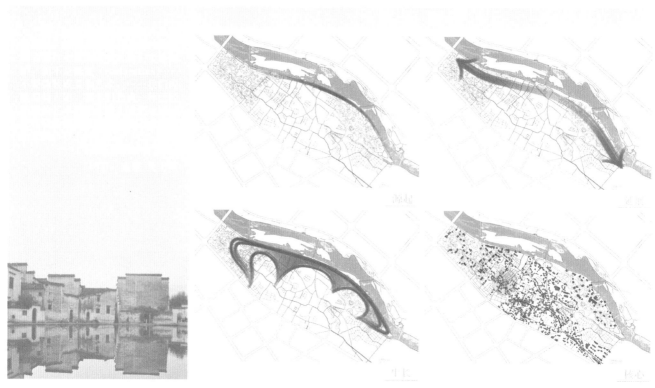

从有到有

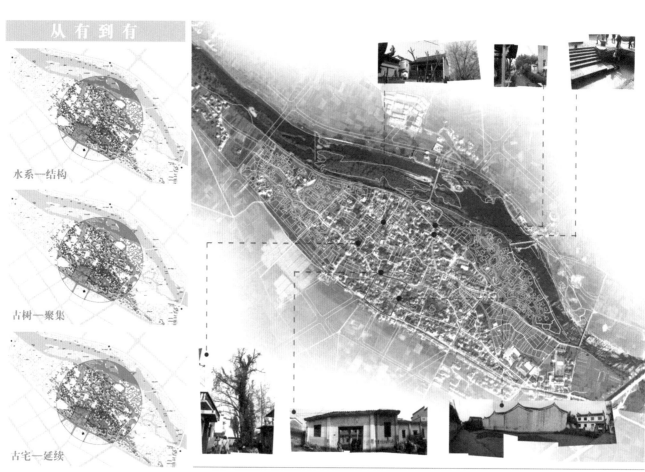

水系—结构

古树—聚集

古宅—延续

街·巷

尺度分析

节点分析

方案过程

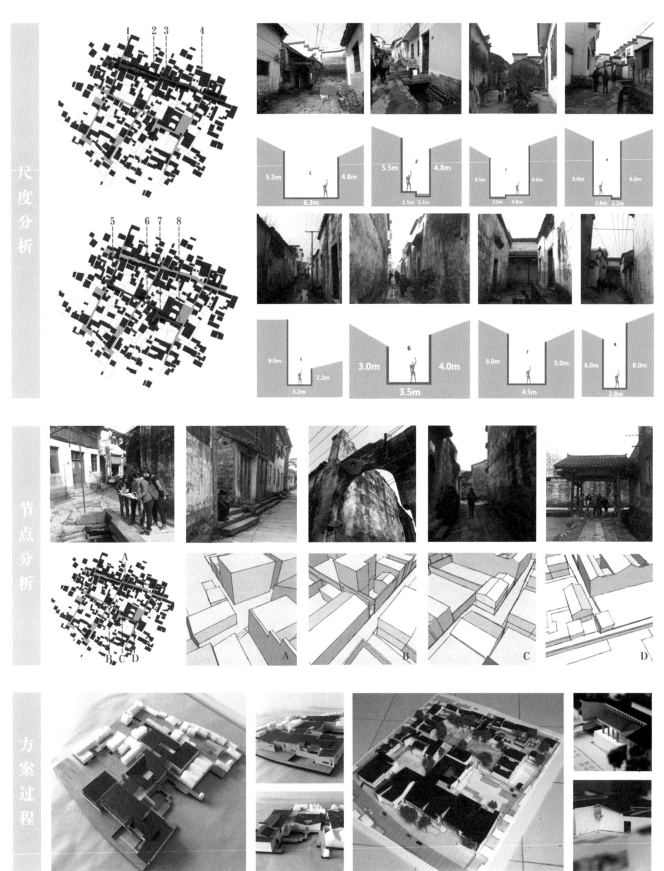

传统街区保护及徽州艺术展览馆设计
TRADITIONAL BLOCK PROTECTION AND ART MUSEUM DESIGN IN HUIZHOU

张 梦（安徽建筑大学） 金珉子（浙江工业大学）
张馨培（ 烟台大学 ） 陈永豪（天津城建大学）
王 刚（苏州科技大学）

调研B组 　　指导老师：谢 榕 王 红

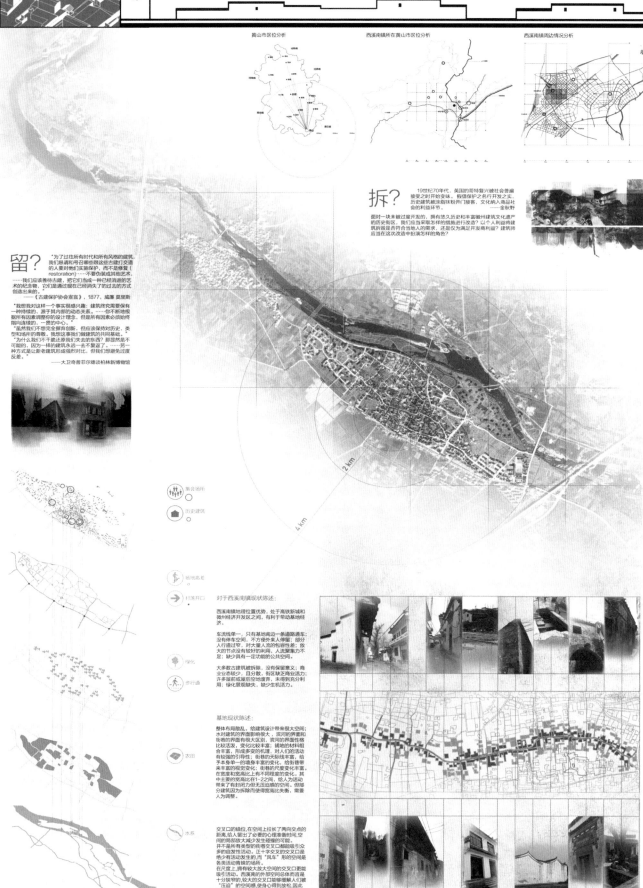

黄山市区位分析　　西溪南镇所在黄山市区位分析　　西溪南镇周边情况分析

拆？

19世纪70年代，英国的哥特复兴被社会普遍接受之时开始变味。假借保护之名行开发之实，历史建筑被涂脂抹粉开门接客，文化纳入商品社会的利益循环节。

面对一块尚未被过度开发的，拥有悠久历史和丰富徽州文化遗产的历史街区，我们应当采取怎样的措施进行改造？以个人利益将建筑旧貌是否符合当地人的需求，还是仅为满足开发商利益？建筑师应当在这次改造中扮演怎样的角色？

——金秋野

留？

"为了过往所有时代和所有风格的建筑，我们恳请和号召那些缥缈这些古建打交道的人要对他们门实施保护，而不是修复（restoration）……不要伪装成其他艺术，……我们应该善待古建，把它们当成一种已经消逝的艺术的纪念物，它们是通过现在已经消失的过去的方式创造出来的。"
《古建保护协会宣言》，1877，威廉 莫里斯

"我们我对这样一个事实很感兴趣：建筑终究需要保有一种持续的、源于其内部的动态关系。……你不断地根据所有因素调整你的设计理念，但是所有因素必须始终指向连续的、一贯的中心。"

"虽然我们不思完全倮有创新，但应该保持对历史、类型和场所的尊敬。我想这事情们删建筑的共同基础。"
"为什么我们不干脆让我们失去的东西？那就自然是不可能的，因为一样的建筑永远一去不复返了。……另一种方式是让新老建筑形成强烈对比，但我们想避免过度反差。"
——大卫奇普菲尔德谈柏林新博物馆

对于西溪南镇现状陈述：

西溪南镇地理位置优势，处于高铁新城和徽州经济开发区之间，有利于带动基地经济。

车流线单一，只有基地南边一条通路通车；没有停车空间，不方便外来人停留；部分人行道过窄，对大量人流的包容性不足；放大的节点没有较好的利用，人流聚集力不足；缺少具有一定功能的公共空间。

大多数古建筑被拆除，没有保留意义；商业态较少，且分散，街区缺乏商业活力；许多屋前或屋后空地废弃，未得到充分利用；绿化景观缺失，缺少生机活力。

基地现状陈述：

整体布局散乱，给建筑设计带来很大空间；水对建筑的界面影响很大，滨河的界面和街巷的界面有很大区别，滨河的界面性格比较活泼，变化比较丰富；铺地的材料组合丰富，形成多变的肌理，对人们的活动有较强的引导性；街巷的天际线丰富，给予本身单一的墙身丰富的变化，给街巷带来丰富的视觉变化；街巷的尺度变化丰富，在宽度和宽高比上有不同程度的变化。其中主要的宽高比在1-2之间，给人为活动带来了有封闭力但又无压迫感的空间，但部分建筑因为拆除而使得宽高比失衡，需要人为调整。

交叉口的镇位，在空间上拉长了两向交点的距离，给人留出了必要的心理准备时间，空间的局部放大减少发生过度碰撞的可能。并不是所有类型的街巷交叉口都能吸引众多的商业活动，变化比较大的交叉口越稀少有活动发生的而，而"风车"形的空间最具备各类活动兴致的场所。在尺度上，拥有较大交叉口镇幅能吸引众多引活动。西溪南的外部空间体形直看十分复楚的，较大的交叉口镇幅能给人们带来"压迫"的空间感，使身心得到放松，因此比一般交叉口更具有吸引力。

教师评语：本调研以水为线索，研究了西溪南镇的演变与发展，分析了古镇空间特色、水系特点和建设用地环境、基地现状、建筑风貌和传统街巷的尺度、节点界面和材质，在实测古建分析案例的基础上，总结了徽州传统民居的借鉴之处，归纳出融入传统聚落为新建筑未来发展的可能性。

基地周边重要文化类建筑或景观节点与基地的关系　　车型流线及停车场　　主要步行街及骑行道路　　入口广场、旅游服务区及商业区分布

基地美丑及附近重要景观节点　　旧建筑保护及建筑高度示意　　确认选址

现有人为活动分析　　果园、野径园对基地的影响及园林方案借鉴案例

同尺度部分宏村肌理图　　同尺度部分西递肌理图　　基地内部肌理缺失明显

基地肌理空缺部分　　基地原有街道及后期规划街道　　街道分区后的向心节点选取　　向心节点由水系相连

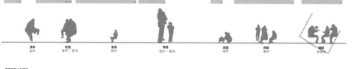

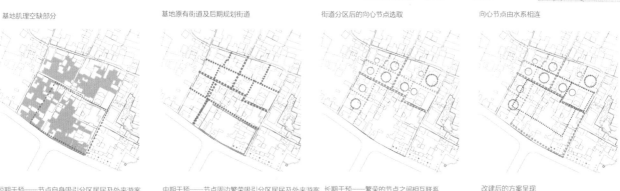

短期干预——节点自身吸引分区居民及外来游客　　中期干预——节点周边繁荣吸引分区居民及外来游客　　长期干预——繁荣的节点之间相互联系　　改建后的方案呈现

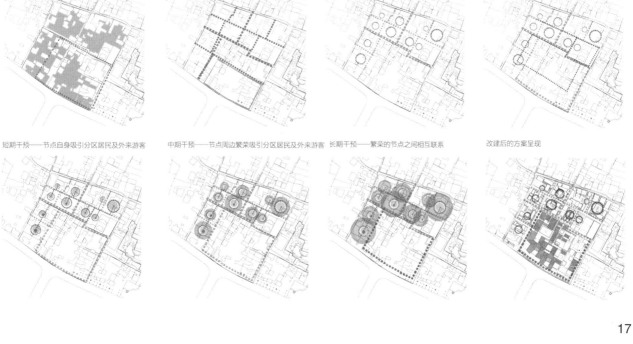

传统街区保护及徽州艺术展览馆设计
TRADITIONAL BLOCK PROTECTION AND ART
MUSEUM DESIGN IN HUIZHOU

童月清（安徽建筑大学）　夏梦珂（苏州科技学院）
张　学（烟台大学　）　王若迪（天津城建大学）
余星凯（浙江工业大学）

调研C组　　　　　　指导老师：季文媚

行为模式

BIG 2

一、现状篇

1.2 交通现状
1.1 历史与人文

一、现状分析

交通现状——村落在东南角，交通便利，可达性强

1.3 建筑肌理现状

1.6 景观分布现状

建筑肌理现状——居住建筑集中在东南处

景观分布现状——景观节点主要分布在东南处

1.4 功能分布现状

1.5 水系分布现状

功能分布现状——居住建筑集中在东南处，其他功能围绕其分布

水系分布现状——整个村落水系等级不同，东南处水网复杂，功能多样

三、思考篇

什么让我们如此感动？

当我们行走在古老的街道中时，他们就像往常一样，在流淌的水流旁，洗衣服、清洗食物、闲聊，我们并没有因为气势宏大但却空无一人的古宅而感动；反而，在这样的一个古宅里，老宅的主人虽已满头白发，却很开心的跟我们这些陌生的游客，述说他与这个古宅的故事，正是这样的场景，感动了我们所有人。

我们要保护什么？

有人这么做的，他们把建筑全都迁往它地，好好地"保护"起来，把房子里的人安置在新的房子里；这样的做法是片面的，建筑只是徽文化的一部分，我们认为生活这里的人与建筑与村落的联系与羁绊，才是我们真正要保护的，只有这样才能让徽文化传承下去。

我们要如何保护？

我们是这么想的，我们希望从现实出发，分析村落的现状，寻找出它的规律，再通过分析这样的规律，得到一个可以作为我们判断建筑去留的依据，这样的依据，既是顺应村落自组织发展的，又是顺应他组织发展的。

WHY?

西溪南镇古村落在自然发展中呈现出这样一种趋势？

人

各种因素　　　人的影响是关键　　　人的行为模式让我们有据可循

二、古建测绘篇——老屋阁

4.1 建筑测绘　　　4.2 建筑平面　　　4.3 建筑结构　　　天井

中街南立面

教师评语：该调研分五个篇章进行调研、分析与总结，从现状入手，对重点保护建筑——老屋阁进行分析，并对中街整体立面进行测绘分析，做出保护什么？如何保护这样的思考。且对人的行为模式对各个因素的影响进行重点分析，对景观节点的影响、对水系的影响、对功能的影响等，并最终得出成果——中街整体街区的建筑质量分析评价。调研手法明确，调研思路清晰。这些丰富详实的前期基础资料对后期的保护更新设计将会起到非常大的作用。

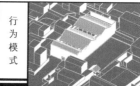

行为模式

四、分析篇——人的行为模式对各个因素的影响

五、成果篇——中街质量评估

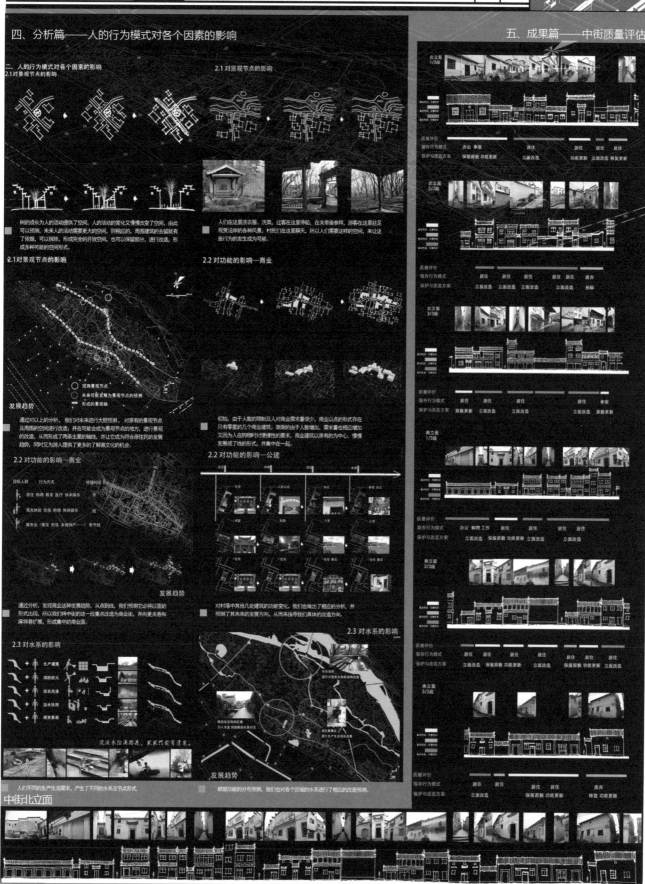

二、人的行为模式对各个因素的影响

2.1 对景观节点的影响

2.1 对景观节点的影响

2.2 对功能的影响—商业

发展趋势

2.2 对功能的影响—公建

2.3 对水系的影响

发展趋势

中街北立面

传统街区保护及徽州艺术展览馆设计
TRADITIONAL BLOCK PROTECTION AND ART MUSEUM DESIGN IN HUIZHOU

王树萱（安徽建筑大学）许晶夏（浙江工业大学）
刘瀛泽（烟台大学 ）李嘉成（天津城建大学）
叶晓阳（苏州科技大学）

调研D组　　　　　　　　指导老师：贾志林

区位分析

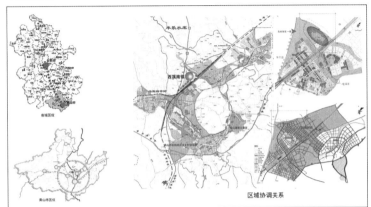

区域协调关系

水系演变

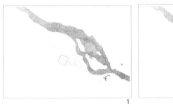
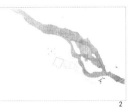

1　　　　　　2

3　　　　　　4

交通分析

大范围道路分析　　　　　　小范围道路分析

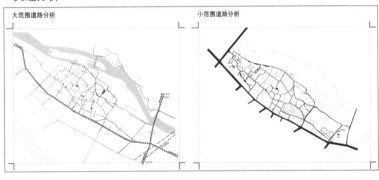

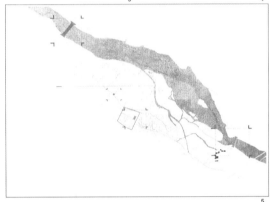

5

水圳分析

在街巷中通过水的位置，尺度的不同创造出了不同的空间形态

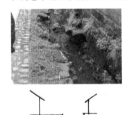

景观节点

丰乐河

千年银杏　　　　千年桂花

人民公社

关帝庙

虹彩桥

钓雪园

绿绕亭

木桥

古罗汉松

清溪涵月

竹屋凤鸣　　　　老屋阁

阡陌

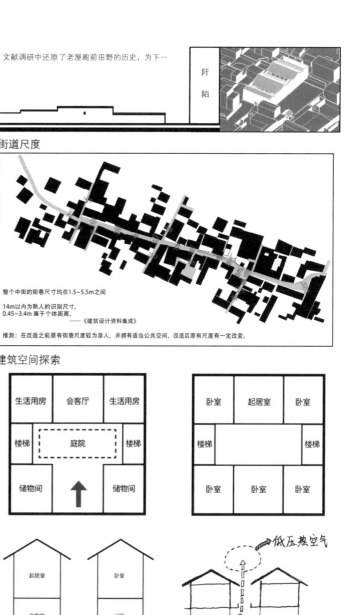

街道街面

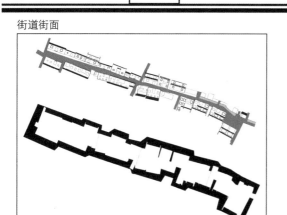

街道尺度

整个中街的街巷尺寸均在1.5~5.5m之间

14m以内为熟人的识别尺度。
0.45~3.4m 属于个体距离。 ——《建筑设计资料集成》

推测: 在改造之前原有街巷尺度较为亲人, 并拥有适当公共空间, 改造后原有尺度有一定变。

道路截面尺度

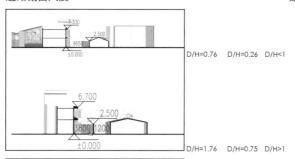

D/H=0.76   D/H=0.26   D/H<1

D/H=1.76   D/H=0.75   D/H>1

D/H=0.91   D/H=1

D/H=1.72   D/H=2   D/H>1

建筑空间探索

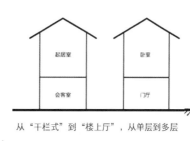

从"干栏式"到"楼上厅", 从单层到多层

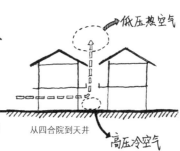

从四合院到天井

空间组合 (利用基本型组合空间及平面)

基本型

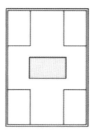

"回"型

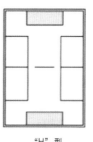

"H"型

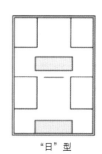

"日"型

新老建筑空间关系 (以老屋阁为例)

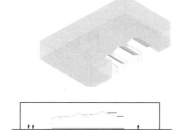

新建建筑作为大空间为背景衬托老建筑, 新老建筑自成体系, 新老同等重要。

新建建筑作为小空间组合, 延续天际线与空间趋势, 成为统一整体, 老建筑纳入新建筑流线及空间序列。

新建建筑作为小空间组合, 作为一种新老节奏的变化。

交 互 装 置

传统街区保护及徽州艺术展览馆设计
TRADITIONAL BLOCK PROTECTION AND ART MUSEUM DESIGN IN HUIZHOU

王梓瑞（安徽建筑大学）　谢舒婕（浙江工业大学）
罗世魁（　烟台大学　）　王　璨（天津城建大学）
王晨昊（苏州科技大学）

调研E组　　　　　　　　　指导老师：周庆华

1. 总体调研

历史背景

西递古村始建于明朝末员元年，距今已有900多年历史了，因徽西溪永建村而得名。古村为棋盘式网络布局，古建筑具有鲜明的徽文化特色。现存明清古建筑群总面积2.71万平方米，曲卷围墙、民居、祠堂、古塔、池塘等相连、被誉具有特色的徽派农村文化景观的古村落之

西递古村坐东朝西，依自然、山势幢幢而建。全村群道排列有序，7条巷道和11条纵群组成四通八达的巷网，纤陌相通、祠堂、家庙、住宅均严格依着布道，除宗祠为三开间三进外，其余的家房多为三开间二进。村民居顺整齐划一，均为时对街间和全对调置筑。

村庄结构

从自然地理环境看，安徽地区位于华东的西北部，享跨长江、潜海流域、平原、丘陵、山地盆金、河流、湖泊交错而布。中省自分是在平原、江淮丘陵、大别山以南、皖中平原、皖南低山丘陵及大自然区。潮北一带、千里平川、一望无际。多为耕地、领作小麦、杂粮、稻作、棉中、稻南一带、地势复杂、有丘陵、平原、山地、河湖、多生美、以广水稻为主。

西溪南镇丘陵平原区，农业资源极为丰富，一年四季温和、减北亚热带多风湿润气候型、主暑降雨集中于早春和梅雨季节、状况多样、全年日照1955小时、年平均气温17.2℃、无霜期224天，年主导风向景东北风。

  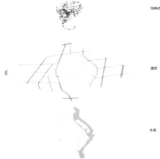  

本田

保构建筑

道路

水系

功能区域分布

西溪南古村落位于丰乐河上游南岸，这个有着1200多年历史的村落因丰乐河而充满灵酶，青雅古徽的果高风的地方，有着"徽商名富"之美誉，繁衍着万古老的西溪南右在十人大族遍历的历史时，由力我们留下了大量的开发资源和脱兴财富。

这里保有着古老的徽建筑，有古镇一级发达的水村工程，有能南保存极完好的天然湿地照格林，有徽文化中独具特色的村落文化，永恶文化。绵纷文化。

 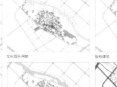

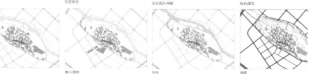

2. 基地分析

基地内现状

西溪南镇地块位置优势，处于高铁新城和徽州经济开发区，有利于带动基地经济。

道路分析
1. 车流单一，只有基地南侧道路通车。
2. 停车场空间，不方便停车大幅道。
3. 部分人行通过性差，绿化置入地方的整性差。
4. 块大部节点没有良好的洞间，人流聚集力不足。
5. 缺少具有一定功能的公共空间。

现状分析
1. 大多数古建筑被拆除，没有保留意义。
2. 商业立态缺少繁，街区缺乏商业活力。
3. 许多基面闲视阻空间密弃，未得到充分利用。
4. 绿化景观缺失，缺少生机活力。

街区肌理　　　路网　　　主要街区　　　水系

基地内重要节点

基地内街巷尺度

1　　2

3　　4　　5

教师评语：调研从历史背景开始，分析村庄结构，并试图分析村庄的重要节点、村庄的街巷尺度和街区的功能布局。并重点对老屋阁与朱氏古宅进行分析，从中研究发现古建筑的功能与形式的规律，从而得出后期展览馆设计的构想。整体调研内容较完整丰富。

交 互 装 置

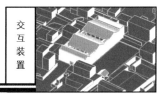

3. 案例研究

古典徽派建筑案例 1——老屋阁

老屋阁，宅邸名，又名呈坎之宅。位于歙县西溪南村，建于明代中期，为砖木结构的二层楼房，下屋楼，上层高。占地面积342 平方米，座北朝西向，五间二进，口字形四合院，通面阔17.7米，通进深19.4米。

前进楼下明间为门厅，后进楼下明间为客厅，大门和于中间相隔，夹井下中央有两构相间的天井住宅正面为水平带屋檐，大门雕琢或包绕建筑的水漏砖砌成的门罩，实其正重，不事雕琢，堂上厅堂弥梁，沿天井四围有一圈平整的栏杆，随有精美的飞桌走廊和花纹，还设有带扶手的"飞来椅"，楼上廊檐均以芦框编编，墙面都是灰石灰，紧凑素雅。

一层平面

二层平面

古典徽派建筑案例 2——朱氏古宅

朱氏古宅坐落于朱村村头，"易极琪阁"曾是其门北门上的一块提额。改宅贵为近代翱阳县翱翔两名流朱西保所建，宅中已有百年历史。朱西学也极致生主人的纯主风范和种多姓乡情，朱氏以当代致力于平稳定、勤俭持家，人丁兴旺、清虚半山圆、人口兴干。建有过暇般极大小的阁空楼，该诺考察样间空的适短和保留下来的部分宅亭，不难想象，首日朱村的富贵与兴旺。

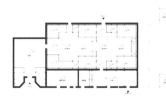

设计基地与案例之间的对比

黎阳老街与设计基地的对比

黎阳老街的规模与设计基地相近，同样是在基地内部选择保留一部分相对有价值的老建筑，散布在基地内，留出来的空地用来填充以加建建筑或开放式的广场，原有的老建筑有各失去了使用意义，有宜内部置换成其它功能。

不同的是，前者属于商业用途、保留的建筑几乎是均匀分布在基地内，彼此之间的联系已经不复存在，新老建筑形成的空间完全足够商业的尺度，整条布模拟想通透清楚直，西透八达，点是带来的新的打为内部交通。

相比之下，设计基地内部的老建筑相对集中，形成组团。

宏村与设计基地的对比

基地内部大大小小的街道基本符合横平竖直的模式，这可以回应宏村的街道布局的果期门阿广场、块状的巷道与门口做式对应了。

街巷交叉口既是一条街巷的开始与结束，又是另一条街巷的中间节点。主要具有连接作和记问转换的功能，同时具有聚集性，对各街道通过行线构转换的流线组织的空间。

通过调查分析了所布明显的巷巷交叉口，西溪南的大部分均以"丁"字形为模式，而几乎所有"十"字交叉的地方具有不同程度的错位，有些别扩大为风车状的小广场。

宏村的道路基本保持了源有古村落的肌理，纵横交错。几乎没有垂直的道路，这样的结果使得人行走在村巷内做次会愈多愈，空间体验丰富。

宏村内部的节点分布在各村子内，形成了各自的空间网络，因此也影响了建筑的分布结构，建筑绕的节点布置，每一个节点都将会是为了游客的记忆。

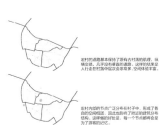

4. 初步设计构思

极端派思路

将基地内部的老建筑拟到空中，留出地面的空间，建造新建筑，这个思路则来自古代徽州人们退到"归"往的意向，浮于空中的建筑代表你的深藏童男方，设计者希望通过这种新的形式来起现代人对于徽州古代历史的直接。

其它思路

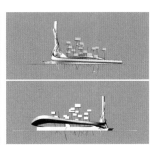

1. 留造内部公共中间的尺度基本基地东布的街门口广场、块状的巷道与门口做式，使保证本不大的阔门广场保持慢慢速度。

2. 尺度连接变缓的巷巷早来以与空间不断变换，给游客带来完全不同的感觉。

3. 将当地特色的派流引入基地内部的主要流线。

4. 试起当地的巷道融入水里，让游客从基地外部到内部过渡无差异。

某一思路的拓展及深入

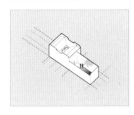

古宅最原始的形态是完全南心的，提其主体围绕庭室中部分，室外直院四周是基础的围结构，破碎碎体关系明显。

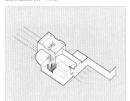

经过一轮改造，原始的庭院被置换，请允以数的空间，拟建的部分依靠者老宅子和成了一个新的内向庭院，内向型的空间发生了转移。这是村民改造古宅的一种方式。

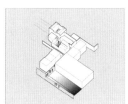

整个基地内部老建筑的分部（尤其是主要道路的两侧）交织在一起，因此以主要道路的肌理重置而并不是完整的。

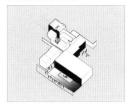

依照内向型空间置换的流程，我们应强加强对老建筑的分立面，虽然保路的老建筑需要置换，但是新老的建筑需要的外立面也后续利用与村民的活动，保持村庄原有的记忆。

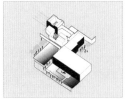

最开放的区域被引入水里，使之空间富有层次感，围面感，最后边新性的老屋阁东南侧的像垂要建立起一个水上舞台，以老屋阁断东立面为背景。

23

传统街区保护及徽州艺术展览馆设计
TRADITIONAL BLOCK PROTECTION AND ART MUSEUM DESIGN IN HUIZHOU

班 杰（安徽建筑大学） 李嘉蓉（浙江工业大学）
张庆芳（烟台大学 ） 褚博珺（天津城建大学）
邱嘉祺（苏州科技大学）

调研F组　　　　　指导老师：张 巍 周 曦

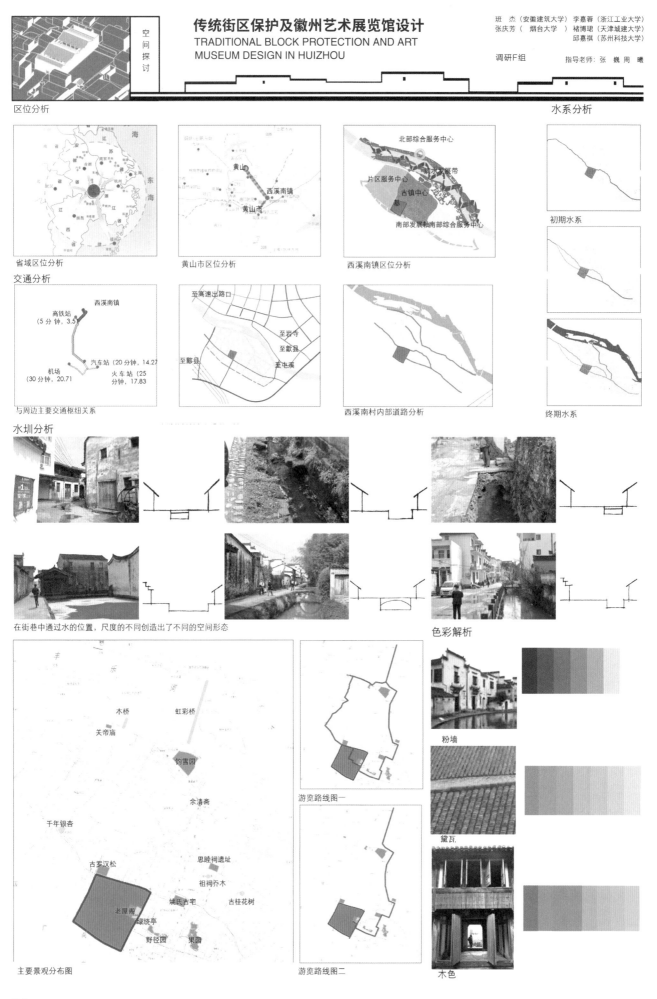

区位分析

省域区位分析

黄山市区位分析

西溪南镇区位分析

水系分析

初期水系

终期水系

交通分析

西溪南镇
高铁站
（5分钟，3.5）
机场
（30分钟，20.71）
汽车站（20分钟，14.27
火车站（25
分钟，17.83
与周边主要交通枢纽关系

至高速出路口
至岩寺
至歙县
至黟县
至屯溪

西溪南村内部道路分析

水圳分析

在街巷中通过水的位置，尺度的不同创造出了不同的空间形态

色彩解析

主要景观分布图

木桥　虹彩桥
关帝庙
钧雪园
余清斋
千年银杏
古罗汉松
思睦祠遗址
祖祠乔木
姚氏古宅　古桂花树
老屋阁
绿绕亭
野径园　果园

游览路线图一

游览路线图二

粉墙

黛瓦.

木色

教师评语：调研某种程度上是一个信息发现的过程，哪怕是情感的发现。难度在于如何区分哪些是客观的信息，哪些是感性的情感和历史的记忆，调研须在这样两个方向接近场地的本质需要。另外一个问题是设计的对象是当下的甚至是过去的，但目标是面向未来的，这点可能更难以把握。调研得到的信息也不是一定全部都有价值，但广度和深度都是必须要有的，需要在设计中考虑可能的使用这些信息的方式。本组同学在规定的调研时间内在信息发现的广度和深度上都努力做了尝试。

空间探讨

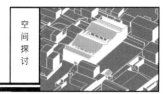

场地分析

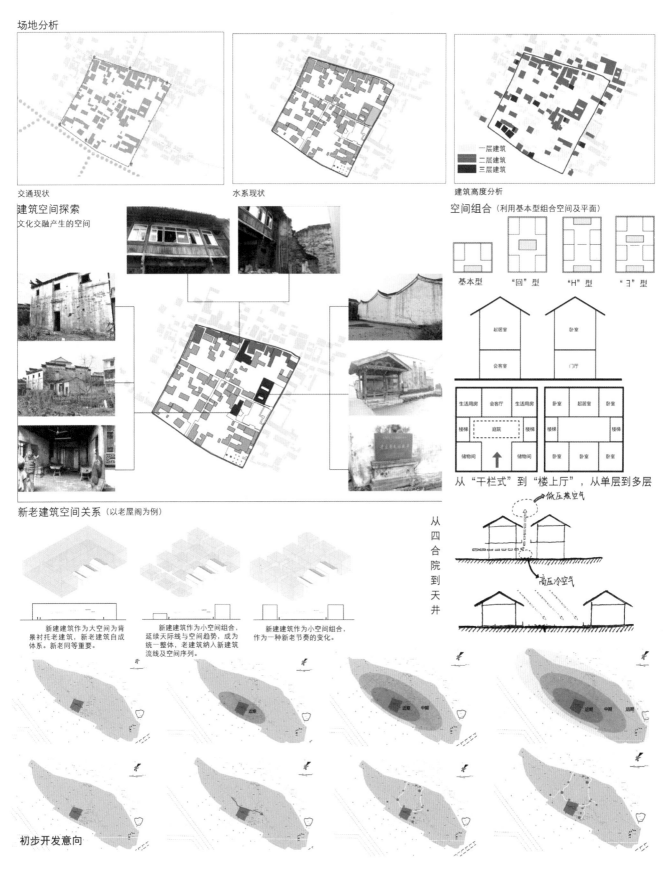

交通现状 水系现状 建筑高度分析

一层建筑 二层建筑 三层建筑

建筑空间探索
文化交融产生的空间

空间组合（利用基本型组合空间及平面）

基本型 "回"型 "H"型 "彐"型

起居室 卧室
会客室 门厅

生活用房 会客厅 生活用房 卧室 起居室 卧室
楼梯 庭院 楼梯 楼梯 楼梯
储物间 储物间 卧室 卧室 卧室

从"干栏式"到"楼上厅"，从单层到多层

新老建筑空间关系（以老屋阁为例）

从四合院到天井

低压热空气
高压冷空气

新建筑作为大空间为背景衬托老建筑，新老建筑自成体系。新老同等重要。

新建筑作为小空间组合，延续天际线与空间趋势，成为统一整体，老建筑纳入新建筑流线及空间序列。

新建筑作为小空间组合，作为一种新老节奏的变化。

近期 中期 远期

初步开发意向

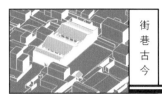

传统街区保护及徽州艺术展览馆设计
TRADITIONAL BLOCK PROTECTION AND ART MUSEUM DESIGN IN HUIZHOU

戴 琴（浙江工业大学） 汪 玲（ 烟台大学 ）
谢东方（安徽建筑大学） 张子瑄（天津城建大学）
张 哲（苏州科技学院）

调研G组   指导老师：朱建文

区位分析

黄山市区位

徽州区区位

西溪南镇区位

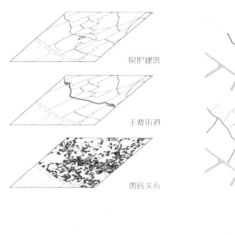

保护建筑

主要街道

图底关系

游览路线   主要视线

村民路线   可达性现状

历史保护建筑   可保留建筑   0<H/D<1   1<H/D<2

可改造建筑   需拆除建筑   2<H/D<3   3<H/D

街巷序列

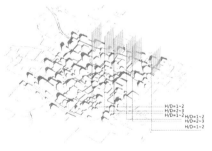

H/D=1~2
H/D=2~3
H/D=1~2
H/D=1~2
H/D=2~3
H/D=1~2

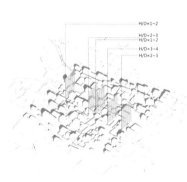

H/D=1~2
H/D=2~3
H/D=1~2
H/D=3~4
H/D=2~3

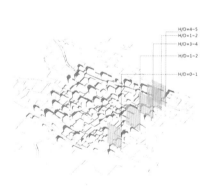

H/D=4~5
H/D=1~2
H/D=3~4
H/D=1~2
H/D=0~1

历史资源

　　在苏州吴门四才子之一的祝允明逗留之间，给西溪南题写了《丰溪八景》诗，摹刻上石，流传于后。该碑石现藏全县"碑园"。明代，西溪南村中有一私人花园，称"果园"，内有珍花异木，亭如山石，还有大塘小池，相互穿插映衬，景色十分幽美，相传此为祝允明、唐寅二人设置规划，至今虽旧容毁损，但遗迹仍然可寻。清代大画家石涛，也来过西溪南村，并作了"丰溪八景"画，按祝允明题《丰溪八景》原意，现存上海博物馆。明朝大司马汪道昆，邻村松明山人，距西溪南村仅一水之隔，他常来西溪南，曾为西溪南村写过不少文章，如《溪南吴氏重修仁义院记》、《曲水园记》、《溪南吴氏礼堂记》、《溪南吴氏敦本祠碑》等。

H<4

4<H<7

7<H

基地内建筑高度以一层及二层的商住楼为主。沿南部西溪南的大道有少数3层新住宅。

街巷空间序列

基地内建筑材质以砖、瓦、抹灰为主，即使是新建房屋也遵循着周边建筑用材习惯。因此场地内乡土建筑气氛浓厚。

基地内建筑色彩以黑、灰、白、黄为主，分别来自于建筑内外部的结构、装饰材料。

SWOT分析	优 势	劣 势	机 遇	挑 战
建筑层面	具有老屋阁及绿绕亭两项可开发重点文物资源	建筑风貌整体稍有破落		引入旅游开发可能拆除部分原有建筑
街巷层面	古民居及街巷保持较完整，空间肌理保存良好	街巷尺度较小，不利于大量人流疏散及消防救援	公路穿镇而过交通便捷，将成黄山新规划重要部分	发展旅游带来的机动车尺度可能破坏原有肌理
文化层面	基地文化底蕴丰富，物质与非物质文化遗产遗产多	保存现状较消极		现代消费文化可能会有冲击
活动层面	村民有经商活动传统，可形成具有活力的商旅气氛	活动形式较单一，吸引力不强	周边计划串联重要景点形成旅游路线，活动丰富	村民原有耕作生活受到影响

结论：可能的设计方向

新旧建筑的并置
部分功能的置换
关注街巷界面
融合生活场景

传统街区保护及徽州艺术展览馆设计
TRADITIONAL BLOCK PROTECTION AND ART MUSEUM DESIGN IN HUIZHOU

陈　耀（浙江工业大学）　栾　鹏（　烟台大学　）
徐欣宇（安徽建筑大学）　朱冠旗（天津城建大学）
林舒心（苏州科技学院）

调研H组　　　　　　　　　　指导老师：王克宁

South Xi xi Town

BACKGROUND / 项目背景

安徽省南部的古徽州地区曾经孕育了灿烂的徽州文化。西溪南镇位于黄山市徽州区西部，与该地区的岩寺镇、呈坎镇、潜口镇及休宁县接壤，国土面积 55.5 平方公里，辖十个行政村。镇政府设立在西溪南村，中心镇区面积 4 平方公里，距区政府驻地岩寺5 公里，市政府驻地屯溪15 公里。合铜黄高速公路徽州区出口设 a 在该镇琶村。设计课题的基地位于西溪南镇南部，总保护与建设用地共约 22800 平方米。基地南临西溪南大道，北临传统核心街区中街，基地内有下街贯穿而过，且基地内有老屋阁与绿绕亭两处全国重点文物保护单位，基地内有很多保持较完整的古民居及街巷，还有村民自建的新徽派建筑。整体村落街巷保持着很好的空间肌理，建筑风貌整体稍有破落。

西溪南镇 街道断面图

西溪南镇 *D/H* 分析

■ 中街	■ 下街	■ 西溪南大道
高度：11.2m	高度：9.8m	高度：13.2m
D/H：0.24	*D/H*：0.21	*D/H*：0.38

教师评语：程朱阙里、礼仪之乡、黛瓦粉墙、径巷幽水……黄山市西溪南镇，五校联合毕设第一站，也是设计基地所在。五校学生混合编队，在这古老的徽州村镇进发出崭新的活力；探究徽派村落产生的文化约束，体察徽派民居的邻里规则，发现徽派建筑的空间体验，寻求徽派设计的更多精彩可能……这一次的调研是毕业设计之旅的开始，也是学生未来建筑之旅的开始。是的，建筑、设计、生涯，这一切，从调研，才刚刚开始……

古建探寻

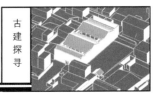

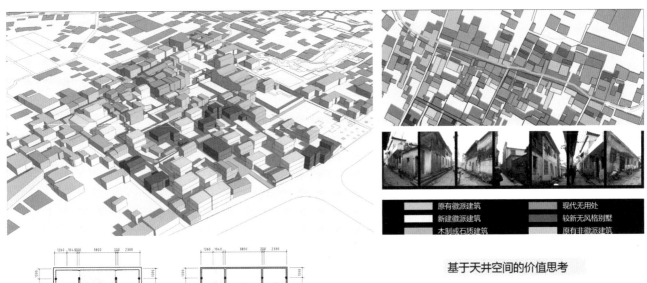

原有徽派建筑	现代无用处
新建徽派建筑	较新无风格别墅
木制或石质建筑	原有非徽派建筑

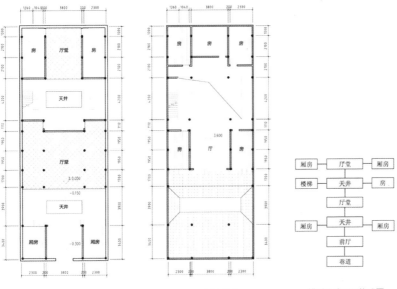

一层平面图　　　　二层平面图　　　姚氏古宅平面构成图

基于天井空间的价值思考

天井空间水平视野分析（60°）

天井空间垂直视野分析（30°/45°）

严整的轴线关系和空间序列结构

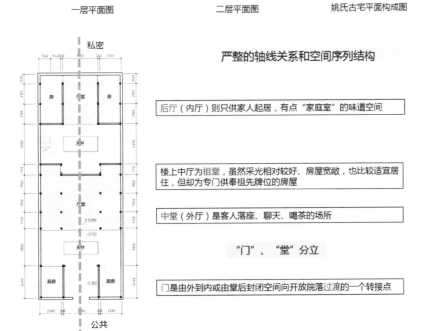

私密

公共

后厅（内厅）则只供家人起居，有点"家庭室"的味道空间

楼上中厅为祖堂，虽然采光相对较好、房屋宽敞，也比较适宜居住，但却为专门供奉祖先牌位的房屋

中堂（外厅）是客人落座、聊天、喝茶的场所

"门"、"堂"分立

门是由外到内或由堂后封闭空间向开放院落过渡的一个转接点

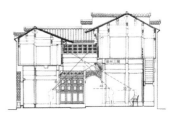

5+Design

浙江工业大学
烟台大学
天津城建大学
苏州科技大学
安徽建筑大学

设计成果

安徽建筑大学是安徽省唯一一所以土建类学科专业为特色的多科性本科高校，始建于 1958 年，坐落在安徽省合肥市。学校是教育部本科教学工作水平评估优秀院校、省级博士学位授予权立项建设单位、国家"卓越工程师教育培养计划"实施高校。

建筑与规划学院现有建筑学、城乡规划和风景园林 3 个本科专业，在校本科生 940 人。建筑学专业于 2007、2011 和 2015 年三次通过全国专业教育评估，等级为合格，毕业生可授予建筑学专业学位，现为安徽省特色专业建设点，安徽省卓越人才教育培养计划实施专业、安徽省校企合作实践教育基地。

安徽建筑大学

STUDENTS

童月清 班杰
徐欣宇 徐源
王树萱 张梦
王梓瑞 谢东方

TEACHERS

周庆华　季文媚　吴运法

31

传统街区保护及徽州艺术展览馆设计
TRADITIONAL BLOCK PROTECTION AND ART MUSEUM DESIGN IN HUIZHOU

生命·生长

安徽建筑大学
ANHUI JIANZHU UNIVERSITY

设计者：童月清　班杰
指导老师：周庆华

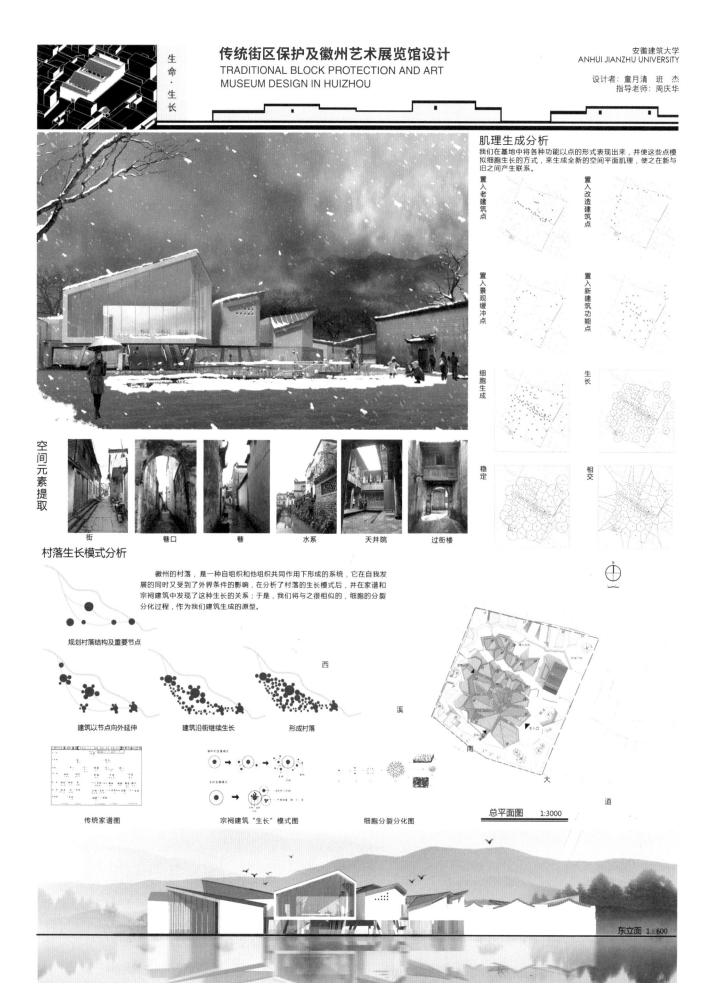

肌理生成分析

我们在基地中将各种功能以点的形式表现出来，并使这些点模拟细胞生长的方式，来生成全新的空间平面肌理，使之在新与旧之间产生联系。

置入老建筑点

置入改造建筑点

置入景观缓冲点

置入新建筑功能点

细胞生成

生长

稳定

相交

空间元素提取

街　　巷口　　巷　　水系　　天井院　　过街楼

村落生长模式分析

徽州的村落，是一种自组织和他组织共同作用下形成的系统，它在自我发展的同时又受到了外界条件的影响，在分析了村落的生长模式后，并在家谱和宗祠建筑中发现了这种生长的关系；于是，我们将与之很相似的，细胞的分裂分化过程，作为我们建筑生成的原型。

规划村落结构及重要节点

建筑以节点向外延伸　　建筑沿街继续生长　　形成村落

传统家谱图　　宗祠建筑"生长"模式图　　细胞分裂分化图

西溪南大道

总平面图　　1:3000

东立面　1:600

生命·生长

传统街区保护及徽州艺术展览馆设计
TRADITIONAL BLOCK PROTECTION AND ART MUSEUM DESIGN IN HUIZHOU

安徽建筑大学
ANHUI JIANZHU UNIVERSITY

设计者：童月清　班杰
指导老师：周庆华

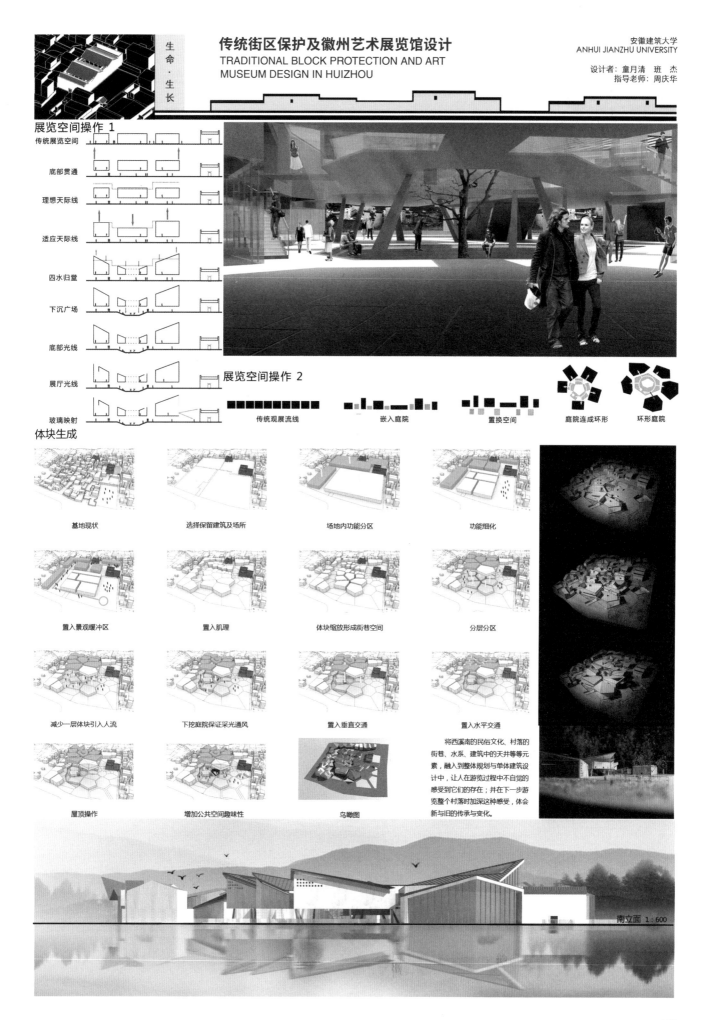

展览空间操作 1

传统展览空间

底部贯通

理想天际线

适应天际线

四水归堂

下沉广场

底部光线

展厅光线

玻璃映射

展览空间操作 2

传统观展流线　　嵌入庭院　　置换空间　　庭院连成环形　　环形庭院

体块生成

基地现状　　选择保留建筑及场所　　场地内功能分区　　功能细化

置入景观缓冲区　　置入肌理　　体块缩放形成街巷空间　　分层分区

减少一层体块引入人流　　下挖庭院保证采光通风　　置入垂直交通　　置入水平交通

屋顶操作　　增加公共空间趣味性　　鸟瞰图

将西溪南的民俗文化、村落的街巷、水系、建筑中的天井等等元素，融入到整体规划与单体建筑设计中，让人在游览过程中不自觉的感受到它们的存在；并在下一步游览整个村落时加深这种感受，体会新与旧的传承与变化。

南立面 1:600

33

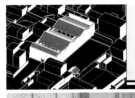

传统街区保护及徽州艺术展览馆设计
TRADITIONAL BLOCK PROTECTION AND ART MUSEUM DESIGN IN HUIZHOU

安徽建筑大学
ANHUI JIANZHU UNIVERSITY

设计者：童月清　班　杰
指导老师：周庆华

生命·生长

一条清晰、一条模糊

平面功能上将展览馆的功能分为三个大块，需要较强私密性的空间，放在了地下一层，而需要避免流线交叉的主要展览空间则提升到了二层，形成一个清晰的流线，一层则是一些公共的艺术、休息、展卖空间，由于面积不大，因此得到了大量的架空空间，这便为游客与村民提供了交流的高质量的灰空间。

展馆北侧是民俗文化展馆、展卖区，再北为中街商业区，西侧为住宅区，东侧为主广场，南侧为停车场；这样大量的人流会汇聚到一层的灰空间中，在这里将产生各种不可预知的可能性，并产生了一个模糊流线，人与人之间的交流将成为这个空间的主题，同时也成为了展品本身。

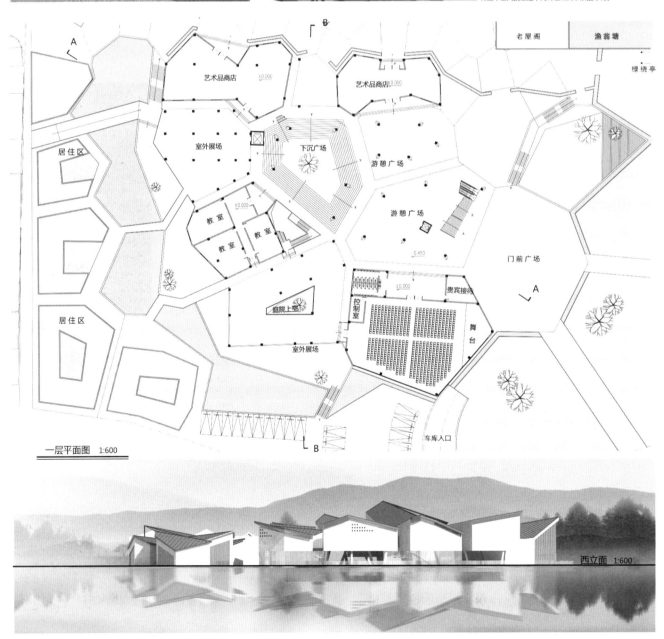

一层平面图　1:600

西立面　1:600

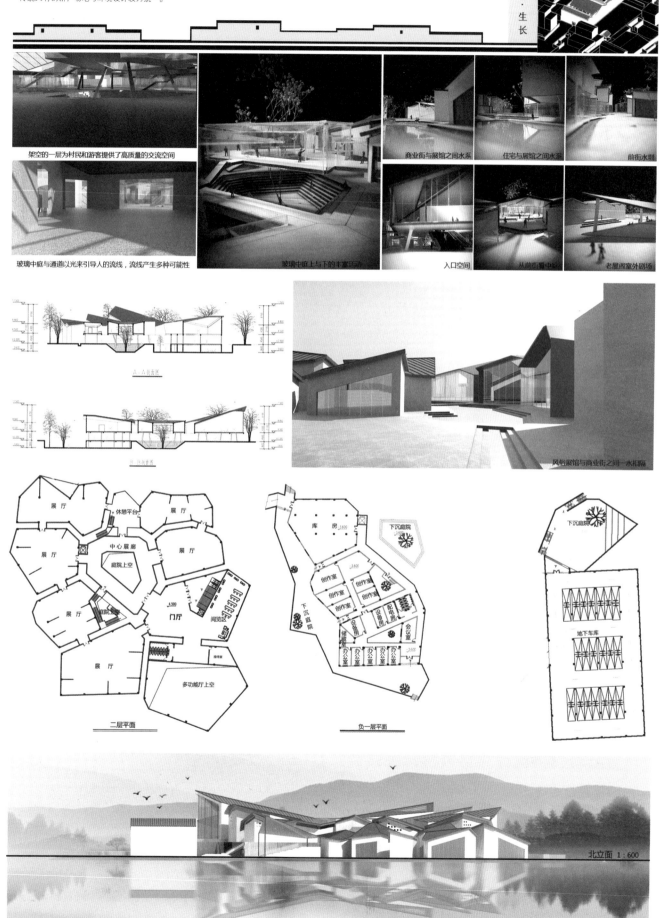

教师评语：以生命细胞为基本构思载体，阐述生命、生长的过程，延伸到建筑的功能生成。建筑底层较多架空，还原给市民的休憩、活动空间较好。总图布局以原有街区的空间组合模式为基础并加以创新。形式立意以徽派民居为元素。展览馆建筑特征把握较好，既有传统又有创新，场地与环境设计较为统一。

生命·生长

架空的一层为村民和游客提供了高质量的交流空间

玻璃中庭与通道以光来引导人的流线，流线产生多种可能性

玻璃中庭上与下的丰富活动

商业街与展馆之间水系

住宅与展馆之间水系

前街水圳

入口空间

从前街看中心

老屋阁室外剧场

A-A剖面图

B-B剖面图

风俗展馆与商业街之间一水相隔

展厅

休憩平台

展厅

中心展廊

展厅

庭院上空

展厅

门厅

阅览区

展厅

多功能厅上空

二层平面

库房

下沉庭院

创作室

创作室

下沉庭院

创作室

设备用房

配电房

会议室

储藏室

办公室 办公室 办公室

负一层平面

下沉庭院

地下车库

北立面 1:600

35

传统·改造

传统街区保护及徽州艺术展览馆设计
TRADITIONAL BLOCK PROTECTION AND ART MUSEUM DESIGN IN HUIZHOU

安徽建筑大学
ANHUI JIANZHU UNIVERSITY

设计者：王梓瑞　谢东方
指导老师：周庆华

区位分析

基地位于西溪南镇，西面多山地，南部为农业用地，村落肌理的走向整体受到村落北面的丰乐河的影响，然而村落建筑密度较大，基地附近没有较高的地势，视线并不能到达丰乐河，也不足以欣赏到村落的整体面貌。村落中具有历史文化价值的老建筑较少，景点分散不连续。

概念构成

基地位于西溪南镇中心区域，南侧紧贴西溪南大道，是村中最主要的车行流线，并与黄山北站相通，而基地南侧，在村落的规划中将修建村中最大的停车场，考虑到村落景区主入口即在近旁，展览馆将会成为大量游客在下车之后抵达的第一站，再考虑到基地东侧即历史文化保留区，有园林和绿化，并由街巷串连直通老屋阁，故而另一部分主要的游客将会从东侧步行抵达基地，所以展览馆的主入口应当设置在基地东南向，并由广场来集散、有序地诱导交汇的人流，并充分地展示老屋阁和绿绕亭的形象。

现状与问题

我国已开始加速进入老龄化社会，这对于原本留守问题就较为严重的安徽农村而言，无疑雪上加霜，在调研的过程中可以明显地感受到村中老人与中年妇女居多，闲时聚坐在路边聊天，村镇中却缺乏诸如社区服务中心（规模太小，且功能已移作他用，名存实亡）等基础服务性建筑，可见西溪南镇对于老龄化社会的到来应对不足。

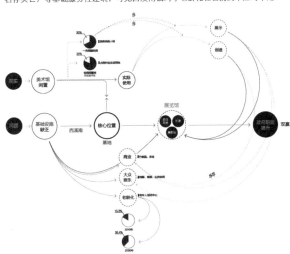

资本转移

随着高铁站将在近期落成，将有大量的游客抵达西溪南镇，然而西溪南本身的旅游资源并不足以同宏村、西递等皖南历史文化名村相抗衡，面对全国各地的游客，西溪南缺乏竞争力，而面对本省游客，西溪南缺乏持续的吸引力。

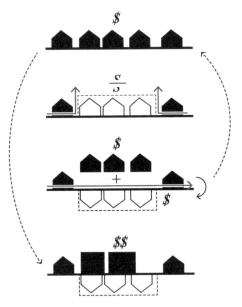

现状与问题

最左边的这个条子是传统展览馆的功能分区，按照不同功能之间的活跃性进行区分。其中中间灰的是展览馆的本质，也就是展览的地方，别的灰度就是展览馆相对应的社会功能。

我们会发现功能被打得很散，不同灰度的空间的东一块西一块。如果按照这种功能分区做出来的展览馆看上去各类展览分得井井有条，参观方便。实则存在很多弊病——没有发挥展览馆作为文化建筑除了展示以外的创造功能。

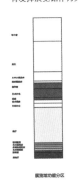

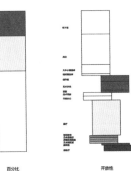
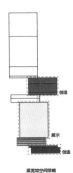

展览城功能分区　　百分比　　开放性　　展览域空间策略

传统街区保护及徽州艺术展览馆设计
TRADITIONAL BLOCK PROTECTION AND ART MUSEUM DESIGN IN HUIZHOU
TRADITIONAL STREET PROTECTION

传统·改造

安徽建筑大学
ANHUI JIANZHU UNIVERSITY

设计者：王梓瑞　谢东方
指导老师：周庆华

艺术家工作室 & 小型展厅

基于传统徽州建筑的中庭空间做出三种元素的解读，进行空间再造。创造出同时满足艺术家和展厅使用的单元空间。

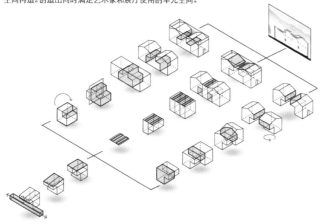

艺术家工作室类型的转换

除了东南部的用地被留作入口及广场外，剩余的西南、西北、东北部的用地均设置有中心广场，将零散的展览馆体块和地面庭院统合在一起，地下的线性展厅（即廊道）也围绕着中心广场的下沉院落曲折推进，结束于老屋阁西侧的小广场，来往的地面游客和村民可以在中心广场同展览馆内的参观者获得视线上的充分交流，并一窥展览馆的展厅内部，哪怕在夜间闭馆后也能看到展品的整体概况，这些中心依然能够集聚游客。

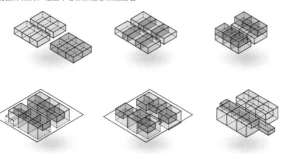

展厅改造可能性

大多数的展览类型的建筑在经历过高潮之后，将不同程度地出现展厅空置的状况，而结合村落中出现的老龄化的社会问题，众多零散分布的而尺度宜人的体块与村落原有的街道直接相接，提供了解决方案。基地位于村落的中心位置，在规划中又被一类、二类居住用地包围，各向均好，十分适合于提供基础服务，可以在权衡了展览需求与基础服务需求之后，将一个或多个展厅改造为解决本地老龄化社会服务问题的社区中心功能的建筑，展厅空旷，净高充足，能够被自由改造。

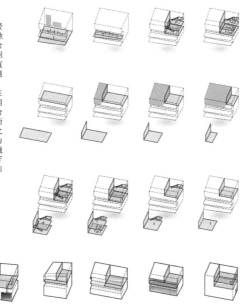

传统青砖墙面的转换

原型来自于西溪南镇传统的墙面砌法，提取出基本元素，进行重构。重构后的墙面在保证最薄的厚度同时创造出突出墙面的立体效果，而墙面的背面仍然是平面，方便其作为表皮的使用范围。

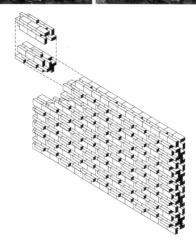

构造大样图

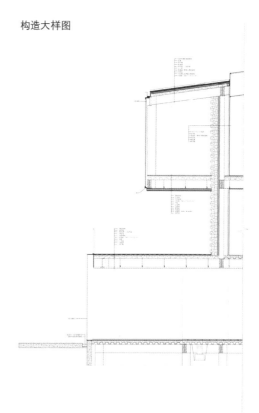

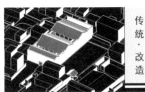

传统街区保护及徽州艺术展览馆设计
TRADITIONAL BLOCK PROTECTION AND ART MUSEUM DESIGN IN HUIZHOU

安徽建筑大学
ANHUI JIANZHU UNIVERSITY

设计者：王梓瑞　谢东方
指导老师：周庆华

传统·改造

艺术家工作室 & 小展厅墙身剖轴测

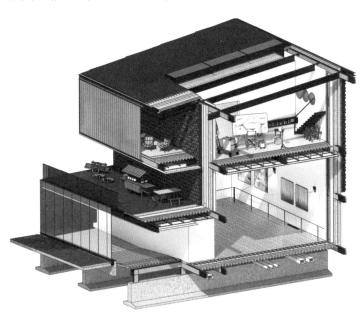

多功能厅的扩展

基地的东北角为另一个重要的人流交汇点，展览馆的多功能厅放置于此，它被设计为一个半开放的小型剧场，地下部分与展览馆相连，成为放映厅，地面经过的游客同样可以看到映展。夜间展览馆闭馆后，地面的平台就成了开放的舞台，而老屋阁或者中街，则成了舞台的背景。

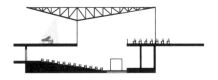

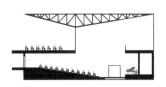

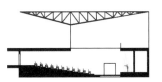

地下展厅效果图

大展厅部分

标高 -3500mm 平面

小展厅部分

标高 1200mm 平面

教师评语：设计将更多的展览空间置于地下，通过有些庭院空间与地面进行沟通。以保证地上的街巷空间仍然保留给市民使用。建筑单体是以艺术家工作室类型的制作与展出模式为单元的空间组合，是一种特别的设计手法与空间形式。建筑功能考虑展厅的可变性与可持续性，为展览时间之外的建筑的多样性使用做考虑。总体设计展厅空间丰富，形式既有传统元素、材质运用又创新多变，总体布局尺度与肌理把握符合传统街区形态。

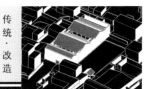

传统·改造

立面图

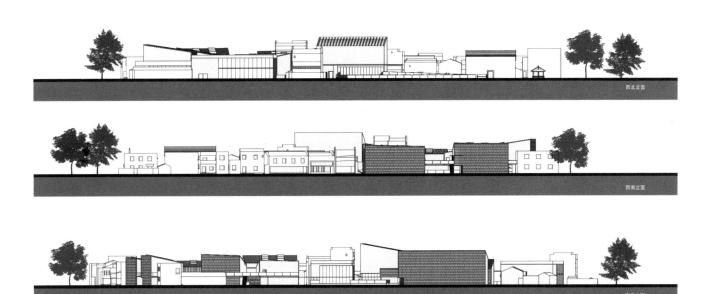

西北立面

西南立面

东南立面

剖面图

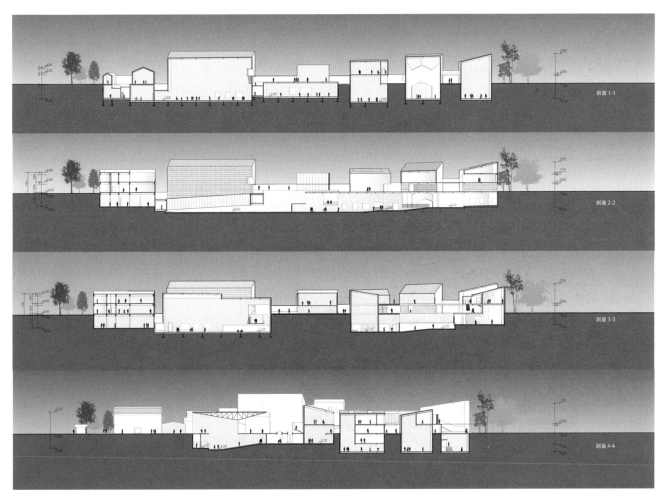

剖面 1-1

剖面 2-2

剖面 3-3

剖面 4-4

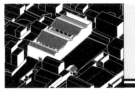

溯回

传统街区保护及徽州艺术展览馆设计
TRADITIONAL BLOCK PROTECTION AND ART MUSEUM DESIGN IN HUIZHOU

安徽建筑大学
ANHUI JIANZHU UNIVERSITY

设计者：徐 源 徐欣宇
指导老师：周庆华

▌设计说明
▌Design description

西溪南镇原本是绩溪一大重镇，经过先后近六百年务农为本，农外经商，商富兴儒，
因儒致仕的孕育发展而趋鼎盛，后因航运衰竭及战争毁坏而日趋没落。

近年来，这里的居民以养蜂为主业，然而由于养蜂业的单一和局限性，养蜂业逐渐衰落，
居民大多外出打工，寻找出路。

因此，通过新建建筑给地区注入新的活力，不仅对促进旅游业有利，更能提供更多的就业
机会，改善当地留守儿童留守老人的社会问题。同时，提供有质量的公共活动建筑，对提
高居民的生活品质具有重要意义。

据调研得知，展览建筑在该地区有利于历史的回顾与继承，但使用率较低，可持续性弱.

综上来看，如何激发展览建筑的公共性，使其承担更多的社会意义，成为设计的出发点。

▌区位分析
▌Location Analysis

场地肌理

应对策略
Coping strategies

保留中街传统建筑
还原老街立面

用地红线内建筑分析

1. 概况

建筑密度

前街以北,于以改造和保留
营造新旧建筑碰撞新空间

保留建筑

以老屋顶为起点,
以前街为轨迹营造渓水流
还源伴水溯源老街

重点保留建筑

沿前街水系向
南北方向发展公共空间

确定出南边展馆场地内的
负空间范围

场地内结构分析

| 水系 | 古树 | 古宅 |

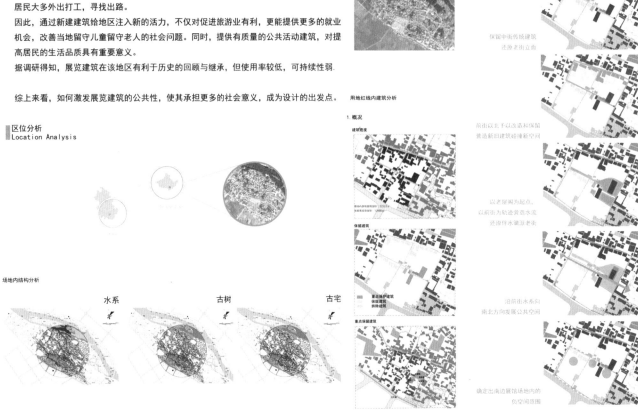

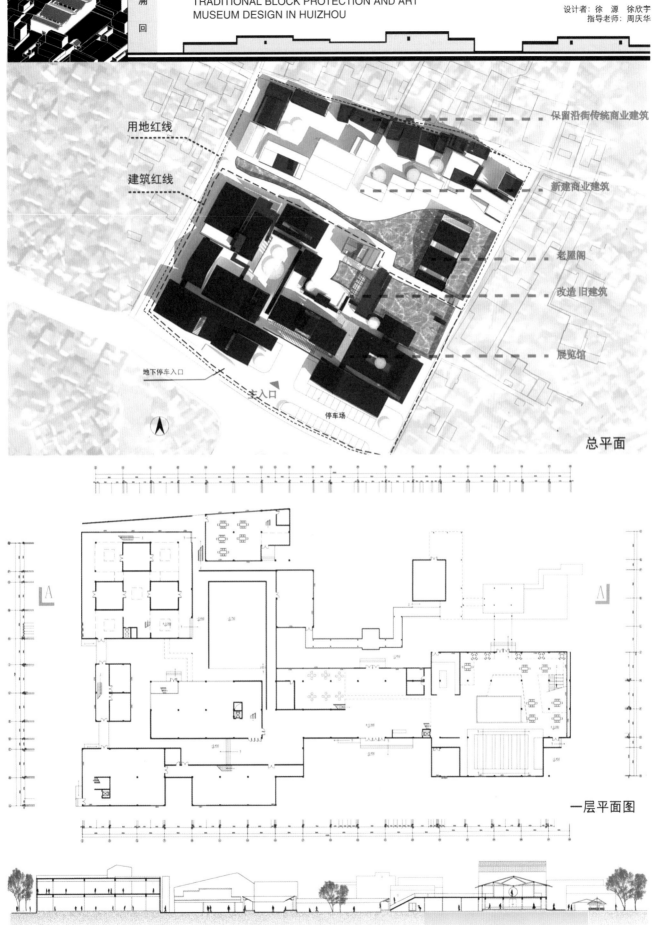

传统街区保护及徽州艺术展览馆设计
TRADITIONAL BLOCK PROTECTION AND ART MUSEUM DESIGN IN HUIZHOU

溯回

安徽建筑大学
ANHUI JIANZHU UNIVERSITY

设计者：徐 源 徐欣宇
指导老师：周庆华

用地红线

建筑红线

保留沿街传统商业建筑

新建商业建筑

老屋阁

改造旧建筑

展览馆

地下停车入口

主入口

停车场

总平面

一层平面图

A-A剖面图

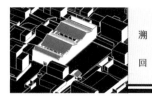

溯
回

传统街区保护及徽州艺术展览馆设计
TRADITIONAL BLOCK PROTECTION AND ART MUSEUM DESIGN IN HUIZHOU

安徽建筑大学
ANHUI JIANZHU UNIVERSITY

设计者：徐 源 徐欣宇
指导老师：周庆华

构造分析 ---
Structural Analysis

结构节点选型/SE构法

日本木结构住宅，为了满足结构以及抗震的要求，往往还会增加一些钢制连接件，以此来增强木结构承重体系的强度，即日本"木造住宅"中所谓的"金物补强"。

在日本，建造住宅的方法，一般称之为"XX工法"。

日本住宅建造中，有一种所谓的"SE构法"，或者叫"SE工法"的现代木结构住宅建造方法。

"SE构法"的主要组成有两点：
一是SE集成木材构件，二是SE钢制连接件。

在本方案中，采取SE构法中的节点处理方法。

利用 集成木材构件 作为主要结构材料，考虑到传统榫卯结构的适应性弱，选择 钢制连接件

在集成木材构件的端部和中间，加工损伤木材构件较小的线槽和螺栓配合钢制连接件，在施工现场组装形成承重木结构框架，力学性能稳定，结构强度较高。

结构分离

屋面

水平维护结构

垂直维护结构

檩与主梁

墙体构造
—30mm木地板
—100/30mm木龙骨
—10mm防水层
—20mm实木板
—400mm混凝土梁

地面构造
—150/20mm木条内饰面
—40mm板条
—10mm结合层
—150mm砌块结构层
—60mm保温层
—10mm结合层
—40mm板条
—150/20mm炭化木条外饰面

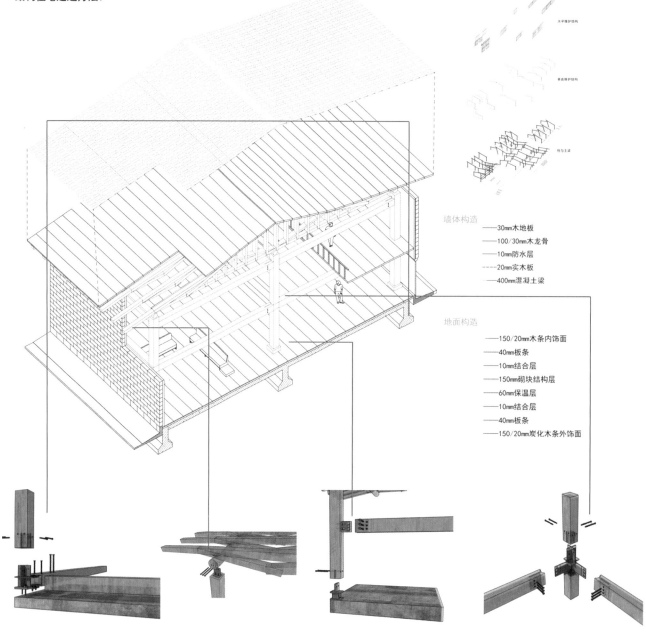

教师评语：设计总体布局功能分区较明确，整体构思以老屋阁为基本模块，并进行网格化构图。水、庭院的利用穿插在总体环境中，与建筑融合较好。形式设计立面处理手法以传统居民的元素加以利用并进行创新，该设计中还有个亮点就是廊道的全程穿插成为一个展览流线，与形式完美结合。木、玻璃、砖的灵活运用、灰白色调、点线面的结合。整体设计创造的氛围既传统又有现代，是保护与更新设计较理想的设计手法。

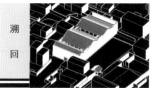

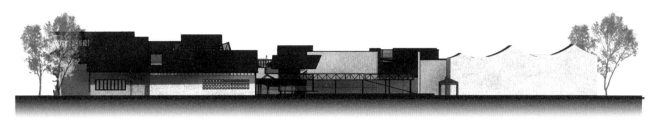

▌东立面

▌西立面

节点 白天：新老建筑在水面交相辉映
夜晚：利用旧建筑山墙面作为室外放映投影面

传统街区保护及徽州艺术展览馆设计
TRADITIONAL BLOCK PROTECTION AND ART MUSEUM DESIGN IN HUIZHOU

安徽建筑大学
ANHUI JIANZHU UNIVERSITY

设计者：张 梦 王树萱
指导老师：季文媚

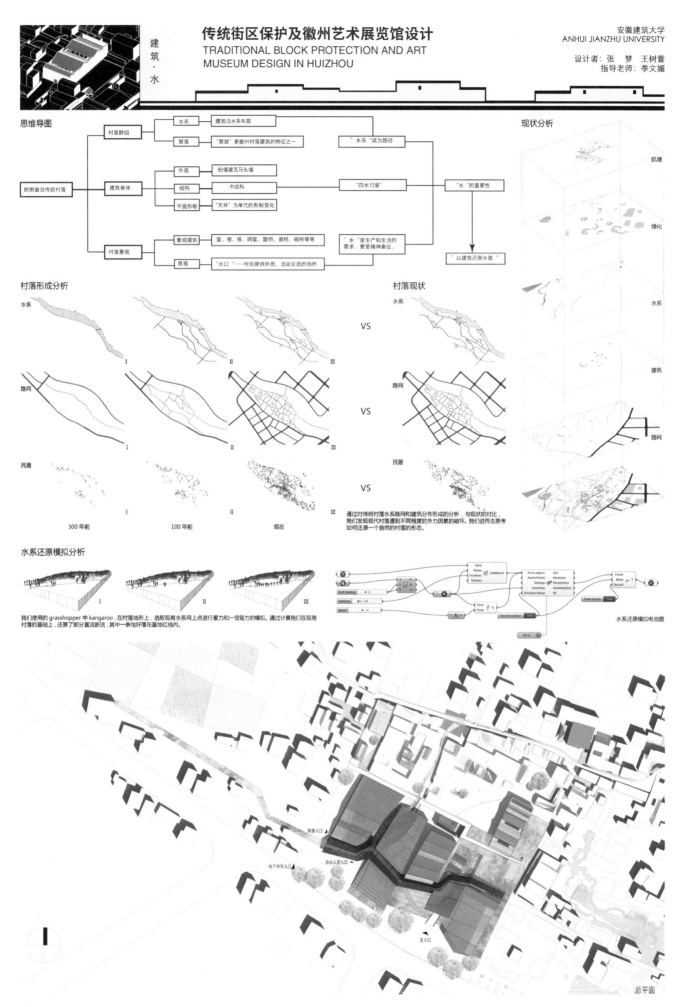

思维导图

皖南徽派传统村落

村落群组
- 水系 —— 建筑沿水系布局
- 聚落 —— "聚敛"是徽州村落建筑的特征之一
  - "水系"成为路径

建筑单体
- 外观 —— 粉墙黛瓦马头墙
- 结构 —— 木结构
- 平面形制 —— "天井"为单元的形制变化
  - "四水归堂"

村落景观
- 景观建筑 —— 堂、榭、塔、祠堂、屋桥、廊桥、阁桥等等
- 景观 —— "水口"——村民提供休息、活动交流的场所

"水"的重要性

"水"是生产和生活的需求，更是精神象征。

"以建筑还原水意"

现状分析

肌理

绿化

水系

建筑

路网

村落形成分析

水系   I   II   III
路网   I   II   III
民居   I   II   III

300年前   100年前   现在

村落现状

水系   VS
路网   VS
民居   VS

通过对传统村落水系路网和建筑分布形成的分析，与现状的对比，我们发现现代村落遭到不同程度的外力因素的破坏。我们进而去思考如何还原一个自然的村落的形态。

水系还原模拟分析

I   II   III

我们使用的grasshopper中kangaroo，在村落地形上，选取现有水系网上点进行重力和一定阻力的模拟。通过计算我们在现有村落的基础上，还原了部分直流断流，其中一条恰好落在基地红线内。

水系还原模拟电池图

库房入口

地下停车入口

办公人员入口

主入口

总平面

建筑 · 水

传统街区保护及徽州艺术展览馆设计
TRADITIONAL BLOCK PROTECTION AND ART MUSEUM DESIGN IN HUIZHOU

安徽建筑大学
ANHUI JIANZHU UNIVERSITY

设计者：张 梦 王树萱
指导老师：季文媚

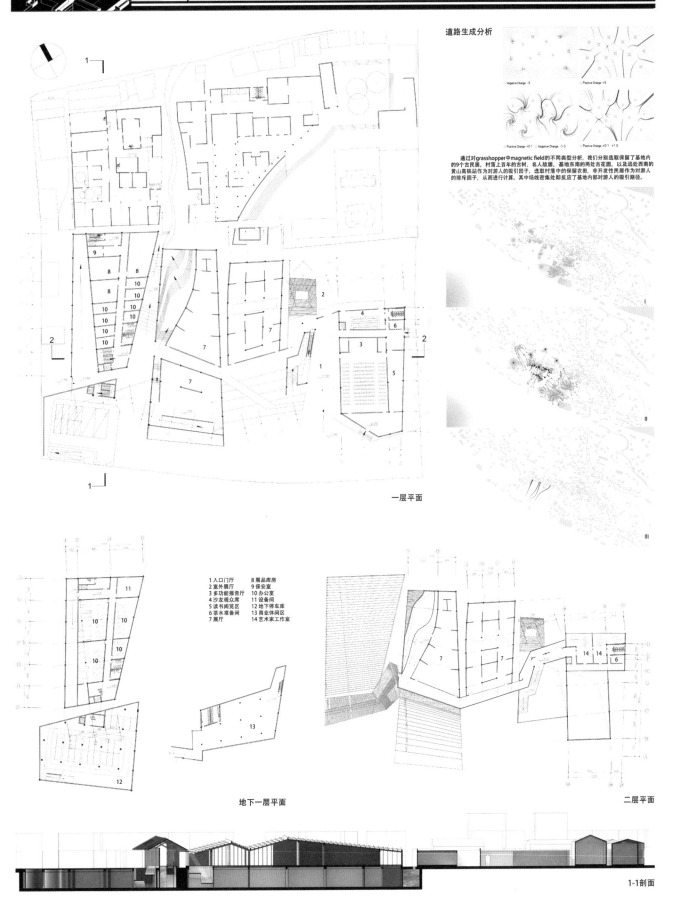

道路生成分析

Negative Charge -5　　　　Positive Charge +5

Positive Charge +0.1　Negative Charge -1.0　Positive Charge +0.1 +1.0

通过对grasshopper中magnetic field的不同类型分析，我们分别选取保留了基地内的9个古民居，村落上百年的古树，名人故居，基地东南的两处古花园，以及远处西南的黄山高铁站作为对游人的吸引因子，选取村落中的保留农田，非开发性民居作为对游人的排斥因子，从而进行计算。其中场线密集处即反应了基地内部对游人的吸引路径。

I

II

III

一层平面

1 入口门厅　　　　8 展品库房
2 室外展厅　　　　9 保安室
3 多功能报告厅　　10 办公室
4 沙龙观众席　　　11 设备间
5 读书阅览区　　　12 地下停车库
6 茶水准备间　　　13 商业休闲区
7 展厅　　　　　　14 艺术家工作室

地下一层平面

二层平面

1-1剖面

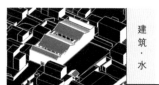

传统街区保护及徽州艺术展览馆设计
TRADITIONAL BLOCK PROTECTION AND ART MUSEUM DESIGN IN HUIZHOU

建筑·水

安徽建筑大学
ANHUI JIANZHU UNIVERSITY

设计者：张 梦 王树萱
指导老师：季文嬿

基地分析

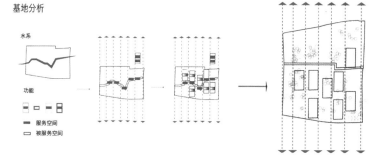

水系

功能

服务空间
被服务空间

体块分析

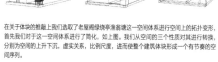
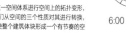

Ⅰ 递增
Ⅱ 错落
Ⅲ 映射
Ⅳ 序曲

空间的上升与下沉

空间的虚实

b1
b2
b3
空间的比例
a1 a2 a3

在关于体块的推敲上我们选取了老屋阁绿绕亭渔翁塘这一空间体系进行空间上的拓扑变形，首先我们对于这一空间体系进行了简化，如上图。我们从空间的三个性质对其进行转换，分别为空间的上升下沉，虚实关系，比例尺度，进而使整个建筑体块形成一个有节奏的空间序列。

流线分析

通过对村落中不同时间段村民的活动分析，以及新加入展览功能的要求，我们从流线入手，简化并明确观展流线，布置流线，工作流线，以及村民流线。使不同类型的空间参与者得到不同引导和体验。如游客观展流线顺延水系而上，逆随水系而下。

9:00 AM ~ 5:00 PM　　　　　观展流线

5:00 PM ~ 9:00 PM　　　　　布展流线

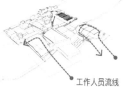

8:00 AM ~ 6:00 PM　　　　　工作人员流线

6:00 AM ~ 6:00 PM　　　　　村民流线

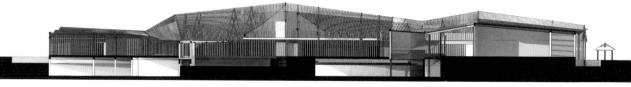

教师评语:设计以原有街区的水系进行计算分析,得出水系的路径,并通过建筑的组合形式还原水意,用拓扑的方法进行建筑布局。展览馆建筑与规划建筑相互融合,有机统一。建筑构图比例尺度把握稍显大,与原有街区的尺度与比例有些出入。图纸深度稍微不足,材质与色彩表达不够清晰,模型的深度稍有欠缺。

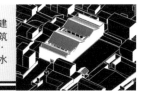

公共空间体系分析

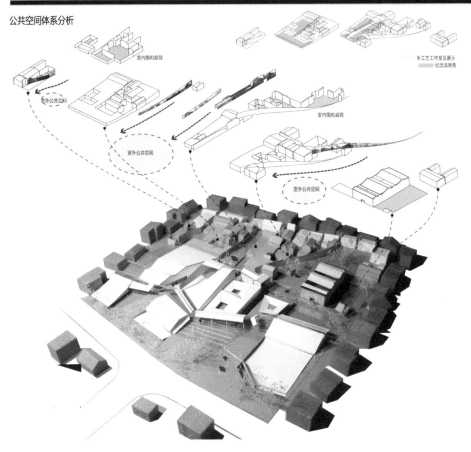

室内围和庭院

手工艺工作室及展示
纪念品销售

室内围和庭院

室外公共空间

室外公共空间

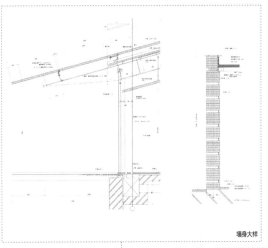

墙身大样

砖块的砌筑

350   225 900   450

连廊的形成逻辑

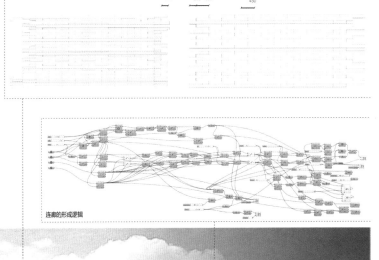

苏州科技大学是一所中央与地方共建、以江苏省管理为主的普通高等院校。学校拥有十大学科门类，形成了工、理、文、管、艺等多学科协调发展、特色鲜明的学科专业格局。

苏州科技大学建筑与城市规划学院（原苏州城建环保学院建筑系）始建于1985年7月，学院现有建筑学、城乡规划、风景园林、环境设计、建筑学（建筑幕墙设计方向）等5个本科专业和方向；建筑学、城乡规划学、风景园林学3个一级学科硕士点，"建筑与土木工程领域"工程硕士点，城市规划专业学位硕士点。

苏州科技大学

王晨昊　夏梦珂
张哲　叶晓阳

王树萱　林舒心

王刚　邱嘉祺

STUDENTS

朱建文　周曦　胡莹

TEACHERS

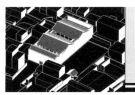

礼与逸

传统街区保护及徽州艺术展览馆设计
TRADITIONAL BLOCK PROTECTION AND ART MUSEUM DESIGN IN HUIZHOU

苏州科技大学
SUZHOU UNIVERSITY OF SCIENCE TECHNOLOGY

设计者：林舒心 王 骞
指导老师：朱建文 周 曦 胡 莹

设计过程

肌理　　　　　区位　　　　　联结

保留——拆除　　　核心　　　　新建　　　　围合　　　游客主流线 ——— 居民主流线

围合　　　　分化　　　　联结　　　　起伏　　　　变化　　　　丰富

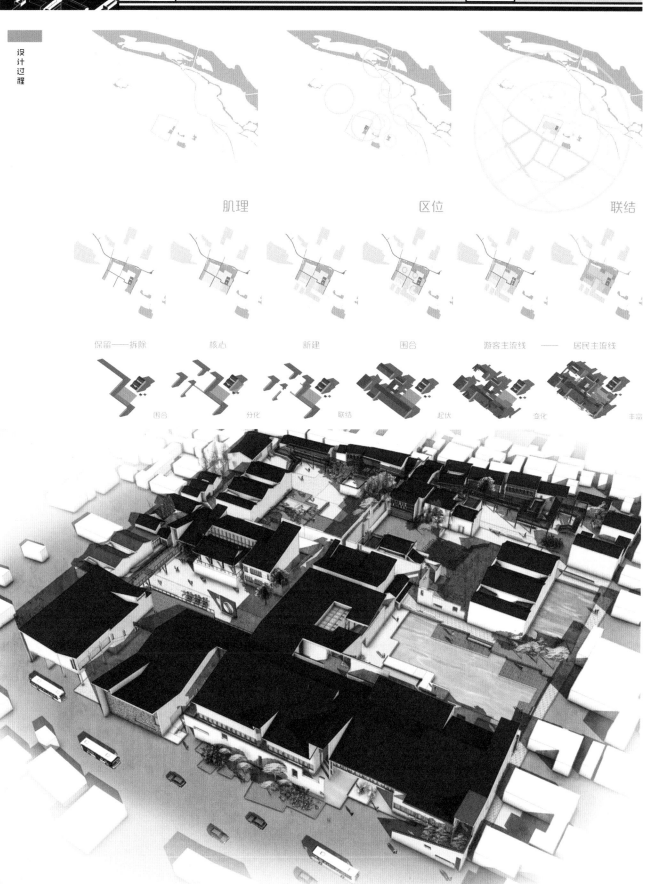

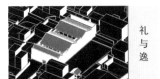

传统街区保护及徽州艺术展览馆设计
TRADITIONAL BLOCK PROTECTION AND ART MUSEUM DESIGN IN HUIZHOU

礼与逸

苏州科技大学
SUZHOU UNIVERSITY OF SCIENCE TECHNOLOGY

设计者: 林舒心 王 骞
指导老师: 朱建文 周 曦 胡 莹

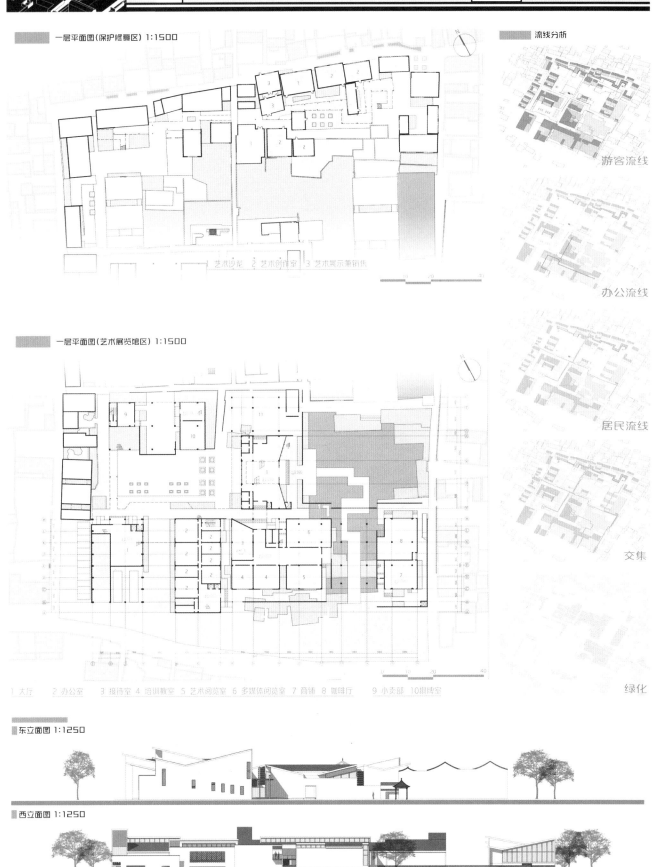

一层平面图(保护修复区) 1:1500

1 艺术沙龙　2 艺术创销室　3 艺术展示兼销售

一层平面图(艺术展览馆区) 1:1500

1 大厅　2 办公室　3 接待室　4 培训教室　5 艺术阅览室　6 多媒体阅览室　7 商铺　8 咖啡厅　9 小卖部　10 挂牌室

流线分析

游客流线

办公流线

居民流线

交集

绿化

东立面图 1:1250

西立面图 1:1250

礼与逸

传统街区保护及徽州艺术展览馆设计
TRADITIONAL BLOCK PROTECTION AND ART
MUSEUM DESIGN IN HUIZHOU

苏州科技大学
SUZHOU UNIVERSITY OF SCIENCE TECHNOLOGY

设计者: 林舒心 王 骞
指导老师: 朱建文 周 曦 胡 莹

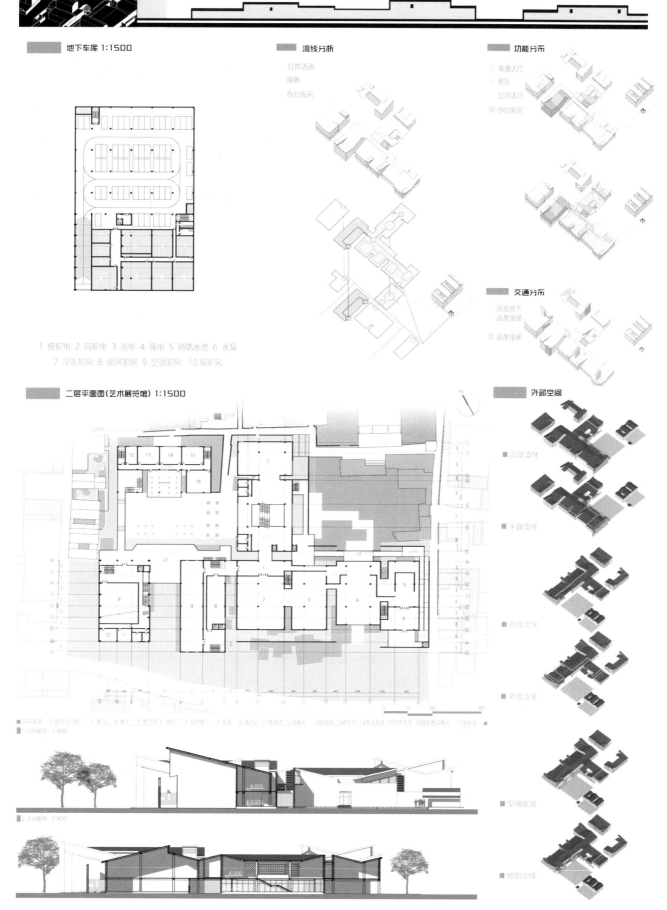

地下车库 1:1500

流线分析
公共活动
源展
办公库房

功能分布
集散大厅
展区
公共活动
办公库房

交通分布
连接地下
流散楼梯
流散楼梯

1 低配电 2 高配电 3 弱电 4 强电 5 消防水池 6 水泵
7 冷冻机房 8 新风机房 9 空调机房 10 锅炉房

二层平面图(艺术展览馆) 1:1500

外部空间
高度变化
平面变化
高度变化
平面变化
空间层次
增加动线

教师评语：该方案的特点在于将展览馆建筑与场地高度融合起来，在场地内保留、改建、移建大量古建筑，以民居建筑作为展览建筑的延伸，实现了以点带面的格局，盘活了整个基地。室外展览空间尺度需要进一步推敲，做到开放收合转折自如。还需要注意徽派民居与江浙民居的细微差别，提高建筑形象与场地景观的地域性特点。

礼与逸

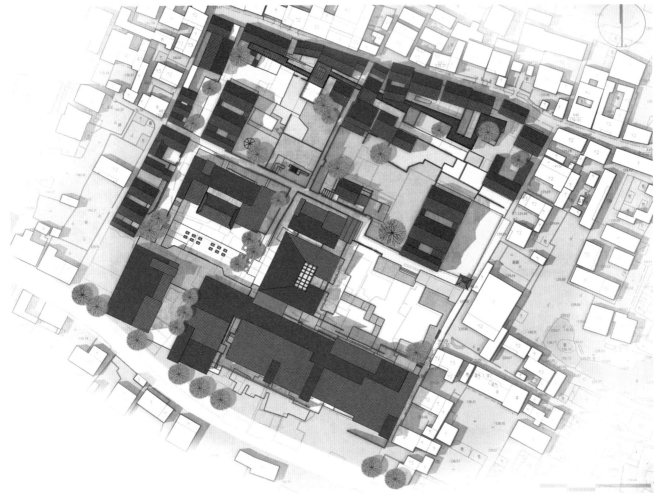

阡陌

传统街区保护及徽州艺术展览馆设计
TRADITIONAL BLOCK PROTECTION AND ART
MUSEUM DESIGN IN HUIZHOU

苏州科技大学
SUZHOU UNIVERSITY OF SCIENCE TECHNOLOGY

设计者：邱嘉祺 王 刚
指导老师：胡 莹 朱建文 周 曦

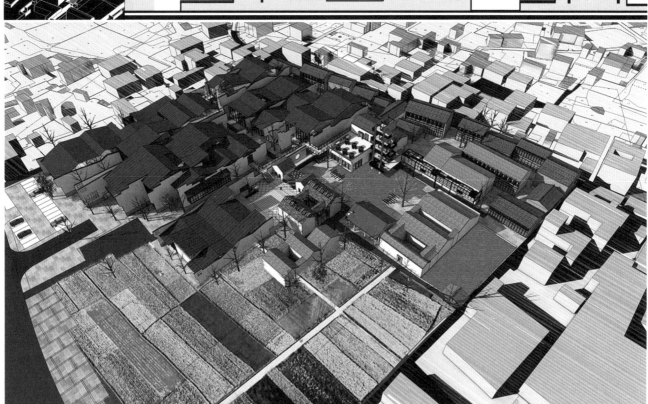

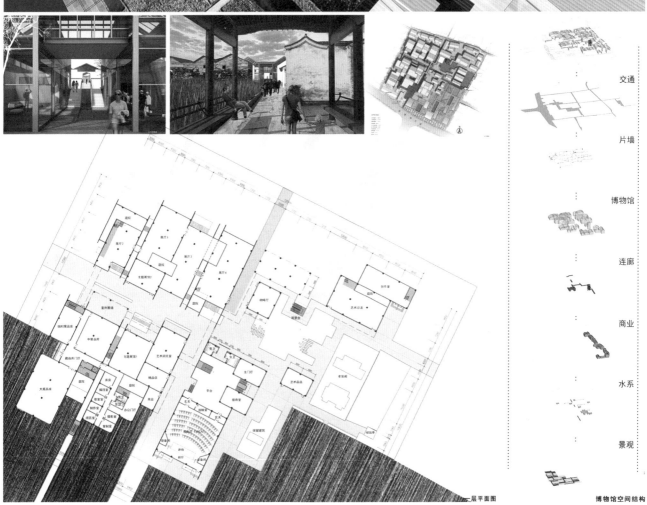

交通

片墙

博物馆

连廊

商业

水系

景观

一层平面图　　博物馆空间结构

阡陌

传统街区保护及徽州艺术展览馆设计
TRADITIONAL BLOCK PROTECTION AND ART MUSEUM DESIGN IN HUIZHOU

苏州科技大学
SUZHOU UNIVERSITY OF SCIENCE TECHNOLOGY

设计者：邱嘉祺　王　刚
指导老师：胡　莹　朱建文　周　曦

水系推演

南入口透视

桥（下游）　　古树　　老屋阁　　桥（上游）　　水系串

单体改造

庵公宅畔青田多，秋音春深水气和。五马细风推草绿，一架甘雨展青罗。蚕铺陇伏轻围径，蓝尾逶迤不作波。最喜经锄多有获，半年定惯伐檀歌。
——（明）

东峰绿绕

阡陌

传统街区保护及徽州艺术展览馆设计
TRADITIONAL BLOCK PROTECTION AND ART
MUSEUM DESIGN IN HUIZHOU

苏州科技大学
SUZHOU UNIVERSITY OF SCIENCE TECHNOLOGY

设计者：邱嘉祺　王　刚
指导老师：胡　莹　朱建文　周　曦

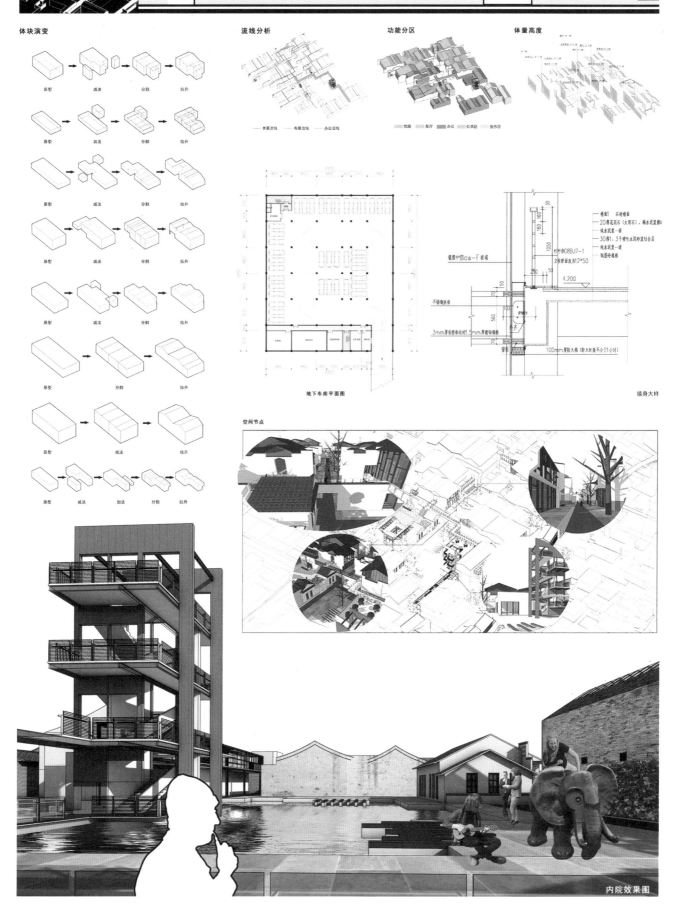

体块演变

流线分析

功能分区

体量高度

地下车库平面图

墙身大样

空间节点

内院效果图

教师评语：该方案承接前期调研成果，将老屋阁前场地还原为田野，并以此作为本方案的重心打造。另外复原了场地的原有水系，以水系作为建筑部分的核心组织空间。取得了良好的设计创意，巧妙地协调了新旧之间的联系。相比于田野场地和复原水系的创意，建筑形式方面设计略显保守，对徽派建筑的再造认识不足。此外展览流线设计过于复杂，上下行进的转换过多，无障碍设计考虑不足。

阡
陌

模型过程

夹院透视图

传统街区保护及徽州艺术展览馆设计
TRADITIONAL BLOCK PROTECTION AND ART MUSEUM DESIGN IN HUIZHOU

苏州科技大学
SUZHOU UNIVERSITY OF SCIENCE TECHNOLOGY

设计者：王晨昊 夏梦珂
指导老师：朱建文 周 曦 胡 莹

现状

传统徽州建筑意象在这里与现代村民追求舒适的理想相冲突

徽州传统礼制与现代观念杂乱无章的滋生

徽州安详的古典生活蔓延着躁动

值得可选择保留的房屋数量不多，且十分破旧，修缮难度极大

可选保留部分

现有房屋大量作为本村居民自家居住用，部分是被废弃的小型作坊

村民自建砖房

房屋密度比较大，排列紧密相互之间关系十分牢固

现有房屋

基地内部文化破碎严重，混杂有大量外来因素

蔓延

多年画地为牢和对外面繁华喧嚣的向往使得这里的人口常年处于逆向流动的状态，失去从外注入新姓氏人口的西溪南镇如何找回原有的鼎盛，多少年来期待变革的躁动早已在这块土地上蔓延开来，村民或是用他们的新砖房来控诉着这些年禁锢的灵魂，表达着他们自身的诉求。

西溪南需要一个马达带动整个村子的源源不断地向前发展，改善村民生活的同时改善新老事物的现存状态，这个状态在如今是令人感到乏力而且感到沮丧的，它有内在期待变革的声音却禁锢在一个定死的框架中，新与旧在这个框架中不断被折磨互相影响重塑。千百年来朝代更替新与旧一直是出于自然交互的状态，直到近些年受到人为的影响而被禁锢起来。这个装置目的是以促使新与旧交互活动实验室以回归到最原始的村落变迁中去。

选择革新还是保守

选择

交互装置

传统街区保护及徽州艺术展览馆设计
TRADITIONAL BLOCK PROTECTION AND ART MUSEUM DESIGN IN HUIZHOU

苏州科技大学
SUZHOU UNIVERSITY OF SCIENCE TECHNOLOGY

设计者：王晨昊 夏梦珂
指导老师：朱建文 周 曦 胡 莹

交互新陈

F   E   D   C   B   A   由老屋平面形式开始变形

正如同这里的人们心理与价值观的不断转变一样，博物馆的单体平面由老屋阁的平面逐渐发生着畸变，自东向西、由北向南。

盆栽艺术家
交互体验参
线

一层平面图 1:2400   二层平面图 1:2400   交互流线

南广场湖面

传统街区保护及徽州艺术展览馆设计
TRADITIONAL BLOCK PROTECTION AND ART MUSEUM DESIGN IN HUIZHOU

苏州科技大学
SUZHOU UNIVERSITY OF SCIENCE TECHNOLOGY

设计者：王晨昊 夏梦珂
指导老师：朱建文 周曦 胡莹

内部参观流线

地下车库平面图 1:900

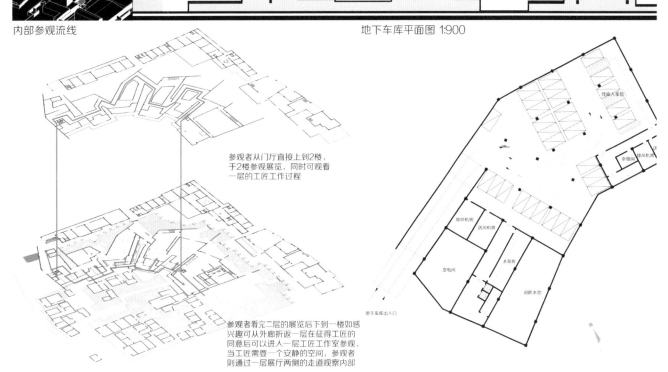

参观者从门厅直接上到2楼，于2楼参观展览，同时可观看一层的工匠工作过程

参观者看完二层的展览后下到一楼如感兴趣可从外廊折返一层在征得工匠的同意后可以进入一层工匠工作室参观，当工匠需要一个安静的空间，参观者则通过一层展厅两侧的走道观察内部

交互进程

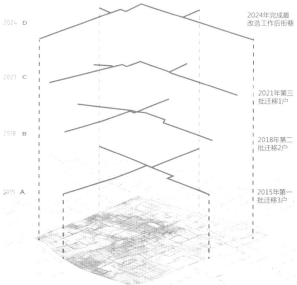

2024年完成最改造工作后街巷

2021年第三批迁移1户

2018年第二批迁移2户

2015年第一批迁移3户

自2015年下半年开始交互实验，进行场地改造，逐步改变街巷走向，分4期逐步迁出其中6户人家，改造形式与功能创造就业机会引入新血液回流西溪南镇

南立面

教师评语：该方案在前期调研的基础上，以徽州地区石村落中的核心——宗族祠堂为原点，加以重组、重构、大胆创新。形成了完全现代建筑造型的新"祠堂"群落，向游客展示传统文化及技艺。经过中期答辩时各校老师的指点，完善了新建筑与旧村落间的拓扑关系，重新设计了门前广场，使方案更趋完善。

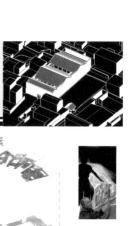

交互装置

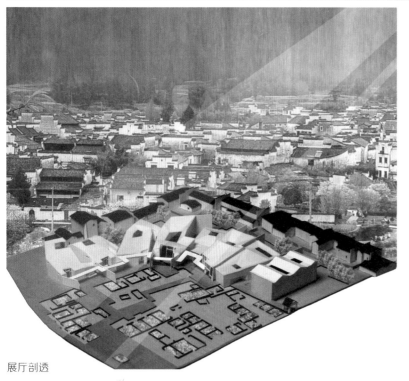

展厅剖透

基地：除去杂糅的元素

交互展览区：
工匠在这里创作和展示作品并与参观者互动或者打成合作协议

附属功能区：
为村镇提供更多的就业机会，促使人口反流，回归原始村落内外人口交互状态

历史景观区：
保留广场上原有墙基慰藉传统心理者

交互剖面

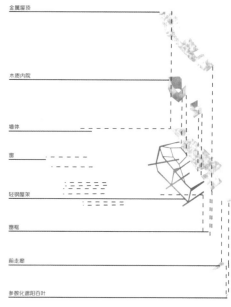

金属屋顶

木质内院

墙体

窗

轻钢屋架

窗框

前走廊

参数化遮阳百叶

对基地建筑采用两个空间垂直方向的剖切面，控制每片空间的剖面都在原始建筑的几何变化范围之内

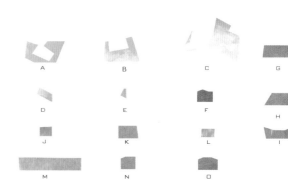

传统街区保护及徽州艺术展览馆设计
TRADITIONAL BLOCK PROTECTION AND ART MUSEUM DESIGN IN HUIZHOU

苏州科技大学
SUZHOU UNIVERSITY OF SCIENCE TECHNOLOGY

设计者：叶晓阳 张 哲
指导老师：胡 莹 朱建文 周 曦

墙垣瓦海

愿景

游客　徽派街区、特色体验
居民　提高收入、环境改善
村落　街巷保护、品质提高

我们希望通过设计，西溪南镇将成为一个具有生活活力的区域。街巷空间与建筑实体获得了传承。外来参观者能够在这里体验到独特的有徽州地方特色的展览空间与街巷空间。当地居民的生活质量由于环境改造与开展针对游客的商业收入而获得提高。

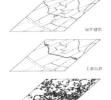

设计说明

本设计探讨了历史环境中建筑及景观的生成方式。与一般注重界面及所谓传统风格并符号化保留传统韵味的设计不同，本设计试图通过选取有价值的基地元素作为推动建筑内部空间进行变化的触发器。

在此概念的指导下，我们结合场地内部功能需求与外部条件的制约，对基地内现有的马头墙进行分类演绎，将马头墙变换为展墙、藏品等不同的叙事元素以满足展览需求。

在屋顶，我们铺设了传统瓦片，以使游客在屋顶室外展览场游览时能产生传统而独特的体验。为满足承重需求，陈有马头墙与新建屋面一同搁在拓在新喜八的以圆柱为主的柱网上。

黄山市，位于安徽省最南端，西南与江西省交界，东南与浙江省为邻，古称新安、徽州、歙州。"八分半山一分水，半分农田和庄园"正是黄山市的真实写照。当地由徽商兴盛而形成了徽派建筑、徽州四雕、徽剧、歙砚、徽州漆器等独具地方特色的文化流派。

徽州区是黄山市重要的工业基地、物流基地、休闲观光旅游接待基地、特色农产品生产加工基地和环境优良的城市新区。

基地位于安徽省黄山市徽州区西郊，基地南临临西溪南大道，北临传统核心街区中街，基地内前街贯穿而过，目基地内有点屋剧与绿绕手满处全国重点文物保护单位，基地内有保存较完整的古民居与街巷，还有村民自建的新徽派建筑。

保留利用
改造利用
道保景观
完全拆除

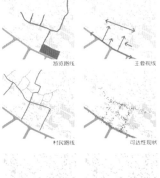

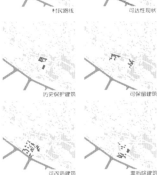

游览路线　主巷视线
村民路线　司达性现状
历史保护建筑　司保留建筑
司客师建筑　某拆除建筑

用地面积 23690㎡
地上建筑面积 9670㎡
容积率 0.408
绿化率 21%

墙垣瓦海

传统街区保护及徽州艺术展览馆设计
TRADITIONAL BLOCK PROTECTION AND ART MUSEUM DESIGN IN HUIZHOU

苏州科技大学
SUZHOU UNIVERSITY OF SCIENCE TECHNOLOGY

设计者：叶晓阳 张 哲
指导老师：胡 莹 朱建文 周 曦

概念来源

设计结构

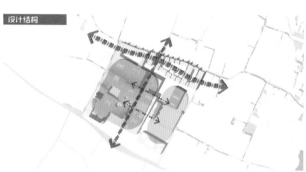

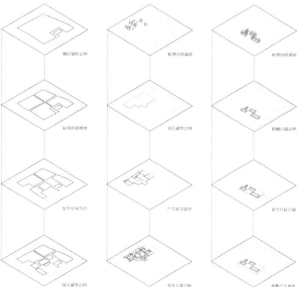

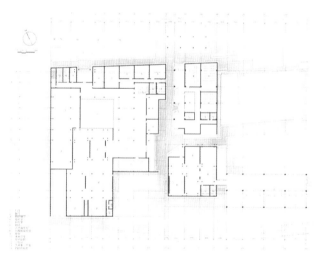

墙垣瓦海

传统街区保护及徽州艺术展览馆设计
TRADITIONAL BLOCK PROTECTION AND ART MUSEUM DESIGN IN HUIZHOU

苏州科技大学
SUZHOU UNIVERSITY OF SCIENCE TECHNOLOGY

设计者：叶晓阳 张 哲
指导老师：胡 莹 朱建文 周 曦

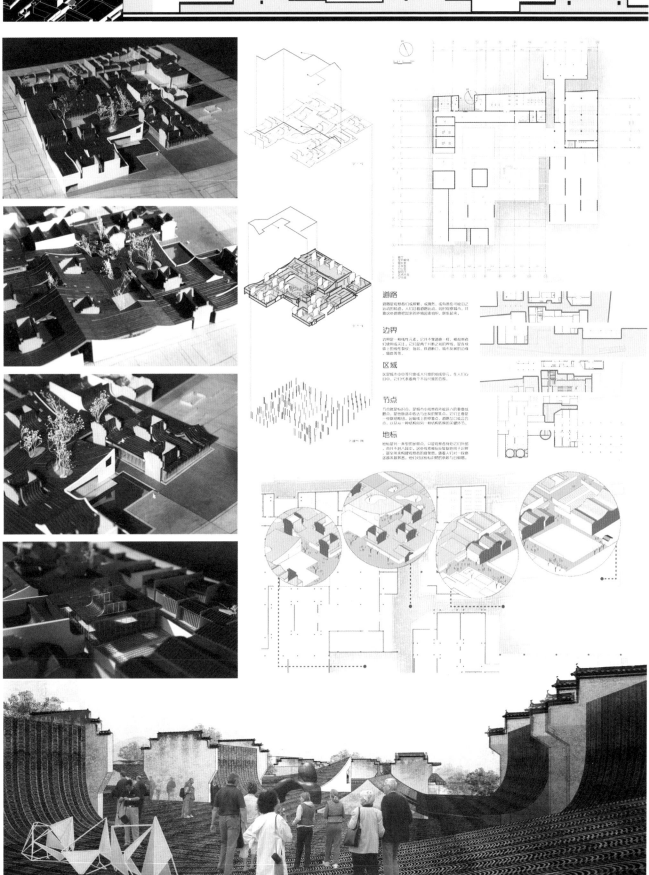

教师评语：该方案将徽派建筑中的典型元素——马头墙提取出来加以保留，其他建筑形式、空间及结构围绕"马头墙"展开，形成了富有创意的建筑空间。灰白黑的色调、弧线形的坡顶、零散的内院从一个别样的角度重新诠释了徽派建筑的内涵，深受各位评委老师的好评。此外，建筑场地环境设计、建筑结构与构造细节设计还需要深入，仍不失为一个优秀的设计方案。

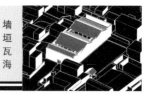

墙垣瓦海

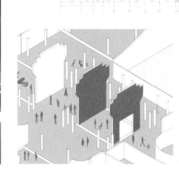

天津城建大学是一所天津市市属普通高等学校，始建于1978年，前身是天津大学建筑分校，2013年更名为天津城建大学。原全国政协主席李瑞环为学校题写了校名。

建筑学院的前身是建筑系，成立于1982年，师资主要来自清华大学、天津大学和同济大学。学院以培养实用型人才为目标，不断探索以注重实践为核心的培养模式改革，紧密结合自身特点，建立了较为完善的，能够支持学科专业相互交叉链接的培养方案体系，形成了"2+2+1"的本科专业培养模式。建筑学和城乡规划学两个天津市重点学科。

天津城建大学

STUDENTS

闫寒

褚博珺

刘子暄

李嘉成

陈永豪

朱冠旗

王璨

王若笛

TEACHERS

周庆   王克宁

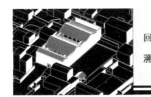

传统街区保护及徽州艺术展览馆设计
TRADITIONAL BLOCK PROTECTION AND ART MUSEUM DESIGN IN HUIZHOU

回溯

宏观规划

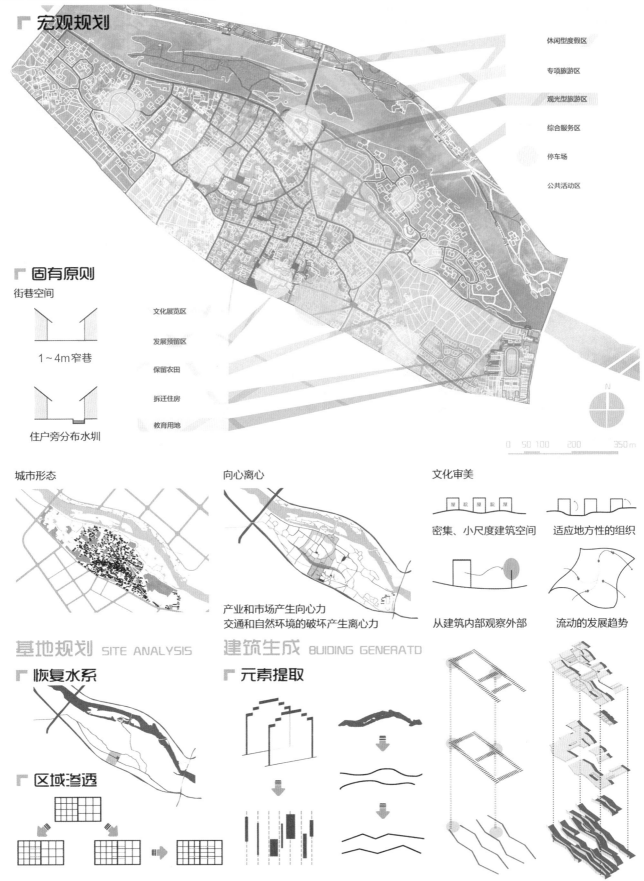

休闲型度假区

专项旅游区

观光型旅游区

综合服务区

停车场

公共活动区

固有原则

街巷空间

1~4m窄巷

住户旁分布水圳

文化展览区

发展预留区

保留农田

拆迁住房

教育用地

0　50 100　200　350m

城市形态

向心离心

产业和市场产生向心力
交通和自然环境的破坏产生离心力

文化审美

密集、小尺度建筑空间　　适应地方性的组织

从建筑内部观察外部　　流动的发展趋势

基地规划 SITE ANALYSIS

建筑生成 BUIDING GENERATD

恢复水系

元素提取

区域渗透

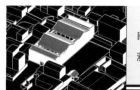

回
溯

传统街区保护及徽州艺术展览馆设计
TRADITIONAL BLOCK PROTECTION AND ART MUSEUM DESIGN IN HUIZHOU

天津城建大学
TIANJIN CHENGJIAN UNVERSITY

设计者：褚博珺　闫　寒
指导老师：王克宁

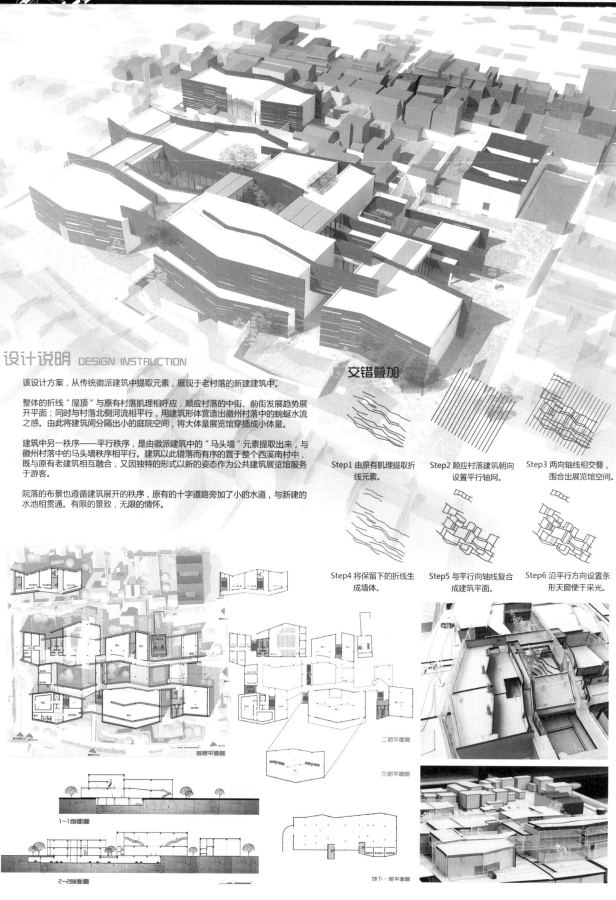

设计说明 DESIGN INSTRUCTION

该设计方案，从传统徽派建筑中提取元素，展现于老村落的新建建筑中。

整体的折线"屋顶"与原有村落肌理相呼应，顺应村落的中街、前街发展趋势展开平面；同时与村落北侧河流相平行，用建筑形体营造出徽州村落中的蜿蜒水流之感。由此将建筑间分隔出小的庭院空间，将大体量展览馆穿插成小体量。

建筑中另一秩序——平行秩序，是由徽派建筑中的"马头墙"元素提取出来，与徽州村落中的马头墙秩序相平行。建筑以此错落而有序的置于整个西溪南村中，既与原有老建筑相互融合，又因独特的形式以新的姿态作为公共建筑展览馆服务于游客。

院落的布景也遵循建筑展开的秩序，原有的十字道路旁加了小的水道，与新建的水池相贯通。有限的景致，无限的情怀。

交错叠加

Step1 由原有肌理提取折线元素。

Step2 顺应村落建筑朝向设置平行轴网。

Step3 两向轴线相交叠，围合出展览馆空间。

Step4 将保留下的折线生成墙体。

Step5 与平行向轴线复合成建筑平面。

Step6 沿平行方向设置条形天窗便于采光。

首层平面图

二层平面图

三层平面图

1—1剖面图

2—2剖面图

地下一层平面图

传统街区保护及徽州艺术展览馆设计
TRADITIONAL BLOCK PROTECTION AND ART MUSEUM DESIGN IN HUIZHOU

天津城建大学
TIANJIN CHENGJIAN UNVERSITY

设计者：褚博珺　闫　寒
指导老师：王克宁

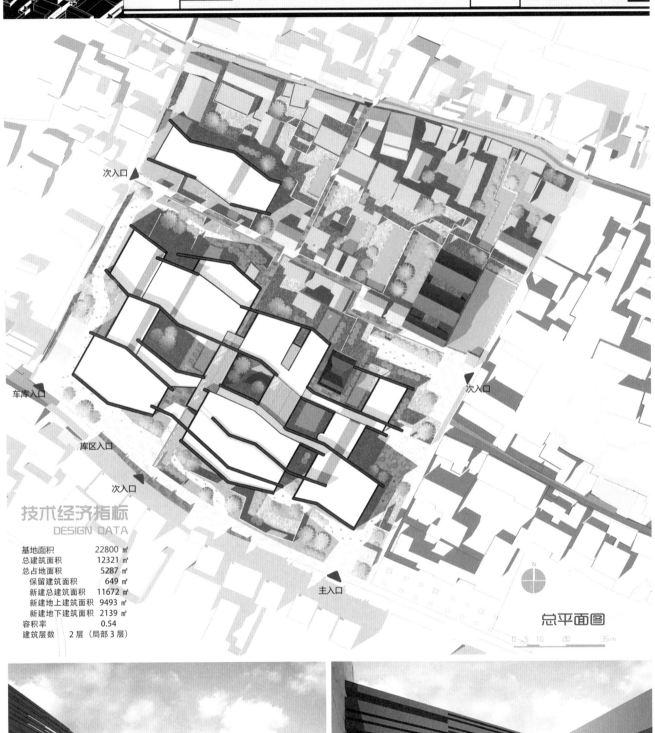

次入口

次入口

车库入口

库区入口

次入口

主入口

总平面图

0　5　10　　20　　　35 m

技术经济指标
DESIGN DATA

基地面积	22800 ㎡
总建筑面积	12321 ㎡
总占地面积	5287 ㎡
保留建筑面积	649 ㎡
新建总建筑面积	11672 ㎡
新建地上建筑面积	9493 ㎡
新建地下建筑面积	2139 ㎡
容积率	0.54
建筑层数	2层（局部3层）

教师评语：水是源头，而不一定是目的地；院落，很好地组织了空间和人流，也规定了内向和开放；大小院落含蓄地向街巷开放；那层层院墙，似水非水，是层层的梦……

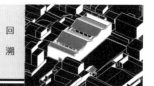

教师评语：水是源头，而不一定是目的地；院落，很好地组织了空间和人流，也规定了内向和开放；大小院落含蓄地向街巷开放；那层层院墙，似水非水，是层层的梦……

传统街区保护及徽州艺术展览馆设计
TRADITIONAL BLOCK PROTECTION AND ART MUSEUM DESIGN IN HUIZHOU

天津城建大学
TIANJIN CHENGJIAN UNVERSITY

设计者：李嘉成　刘子暄
指导老师：王克宁

EXHIBITION　PHOTO　PHOTO　REST IN SQUARE　STUDY & PAINT　SIGHT-SEEING　CHATTING

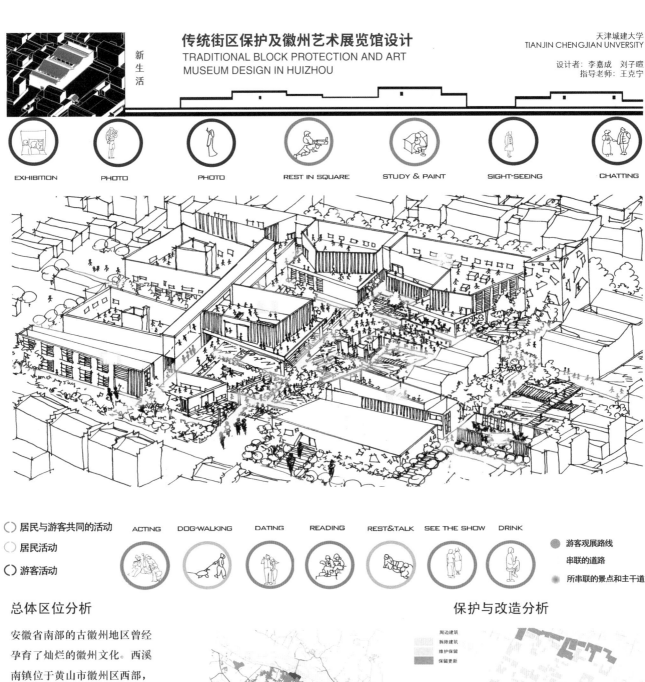

○ 居民与游客共同的活动
○ 居民活动
○ 游客活动

ACTING　DOG-WALKING　DATING　READING　REST&TALK　SEE THE SHOW　DRINK

● 游客观展路线
　串联的道路
● 所串联的景点和主干道

总体区位分析

安徽省南部的古徽州地区曾经孕育了灿烂的徽州文化。西溪南镇位于黄山市徽州区西部，与该地区的岩寺镇、呈坎镇、潜口镇及休宁县接壤，国土面积55.5平方公里，辖十个行政村。

保护与改造分析

周边建筑
拆除建筑
维护保留
保留更新

居住用地
工业用地
公共绿地
市政用地
教育用地
水域

功能问题

老建筑与新生活的矛盾

场地内建筑功能基本以住宅为主，功能单一村民休闲娱乐场地缺失。

经调研与采访，现在居住在老房子里的居民，会感到冬天冷夏天热等不舒服的问题。

原有居住建筑与要求新建公共建筑间的矛盾

对内封闭

小尺度，肌理散布

道路狭窄，量少

向外开放

适当的大尺度和体量空间

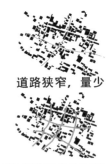

更为宽敞而多的道路

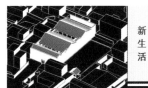

传统街区保护及徽州艺术展览馆设计
TRADITIONAL BLOCK PROTECTION AND ART MUSEUM DESIGN IN HUIZHOU

天津城建大学
TIANJIN CHENGJIAN UNVERSITY

设计者：李嘉成　刘子暄
指导老师：王克宁

办公入口

主入口

车库入口

总平面图

激活方式设想与提出

1.在老区中分析选择出极具保留价值，充满回忆的老建筑

2.用新的老区原来利益尺度的新街道串联起尘封老房子，形成最佳游行路程，并加入活力因素，如小吃，酒吧区等公共空间

3.而后延续根据区原本规划，沿着新路程新建各取代生活的新建筑，让新老建筑相处，与城市共同更新发展，留住回忆

居民原本一天的生活线

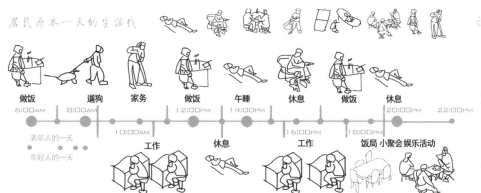

做饭　遛狗　家务　做饭　午睡　休息　做饭　休息
6:00AM　8:00AM　　　12:00PM　14:00PM　　20:00PM　22:00PM
老年人的一天
年轻人的一天　　10:00AM　　　　16:00PM　18:00PM

工作　　休息　　工作　饭局 小聚会娱乐活动

设计理念

● 保留维护原本建筑记忆
　历史沿革 文脉延续

肌理，小尺度　　　街巷空间，路网

● 老镇区复兴

以人为本　通过新建筑带动老区复兴，只有使历史的镇区重新成为新生活的载体才能真正意义上的复兴。

居民一天的生活单一，没有足够的设施和场地提供给他们丰富的娱乐生活。

传统街区保护及徽州艺术展览馆设计

TRADITIONAL BLOCK PROTECTION AND ART MUSEUM DESIGN IN HUIZHOU

天津城建大学
TIANJIN CHENGJIAN UNVERSITY

设计者：李嘉成　刘子暄
指导老师：王克宁

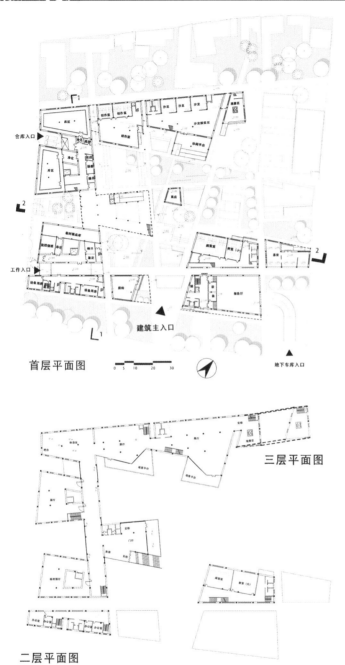

首层平面图

0 5 10 20 30

建筑主入口

地下车库入口

仓库入口

工作入口

三层平面图

二层平面图

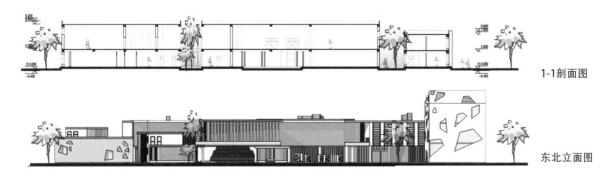

1-1剖面图

东北立面图

教师评语：形成"内爆"的广场，或许可以说是老屋阁空间模式向城市空间的拓展；穿街走巷，其实可以连接周边巷道；老建筑与新生活的矛盾？或许更多是新生活自身的问题；站在老屋前，想象着旧有的岁月，向往这未来的时光……

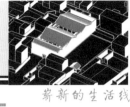

新 生 活

崭新的生活线

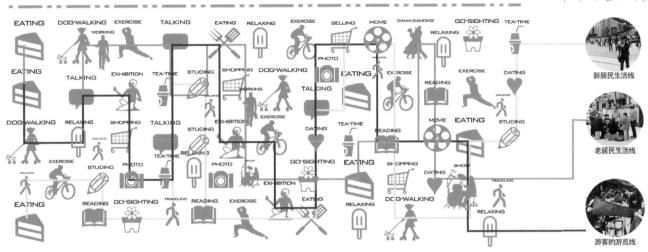

5:00 AM 7:00 AM 9:00 AM 11:00 AM 1:00 PM 3:00 PM 5:00 PM 7:00 PM 9:00 PM 11:00 PM

新居民生活线

老居民生活线

游客的游览线

展厅采光形式分析

采用墙面大开窗和天窗模式都会对展厅内的展品产生影响，而全封闭式的采用人工照明又不甚环保。

展厅采光采用天井采光模式。避免直射光的同时也可以让展厅得到最多的自然光照。在天井内种植植物让室内空间更加亲切有趣。

缝合·翻转

传统街区保护及徽州艺术展览馆设计
TRADITIONAL BLOCK PROTECTION AND ART MUSEUM DESIGN IN HUIZHOU

天津城建大学
TIANJIN CHENGJIAN UNVERSITY

设计者：王若笛　王璨
指导老师：王克宁

STEP1:历史延留.依水而建

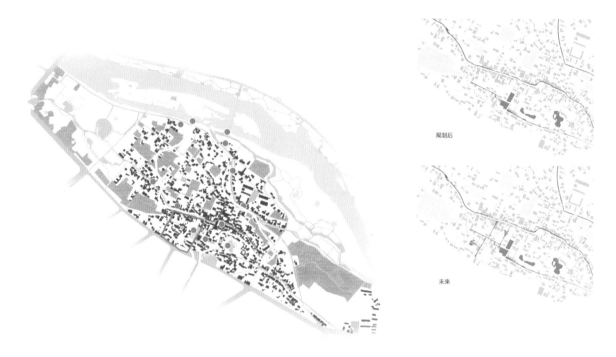

规划后

未来

STEP2：缝合城市

隔离

联系

缝合

STEP3：内外转换

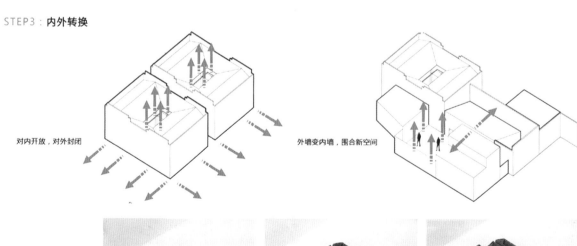

对内开放，对外封闭

外墙变内墙，围合新空间

缝合·翻转

传统街区保护及徽州艺术展览馆设计
TRADITIONAL BLOCK PROTECTION AND ART MUSEUM DESIGN IN HUIZHOU

天津城建大学
TIANJIN CHENGJIAN UNVERSITY

设计者：王若笛　王　璨
指导老师：王克宁

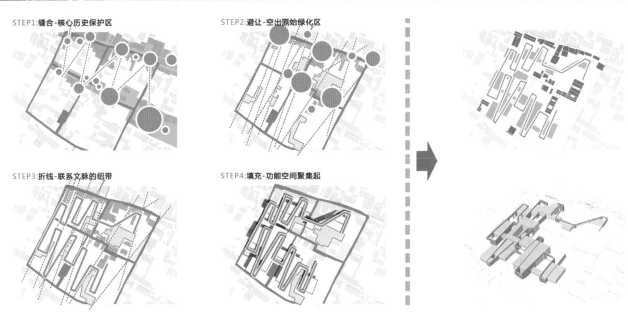

STEP1:缝合-核心历史保护区

STEP2:避让-空出原始绿化区

STEP3:折线-联系文脉的纽带

STEP4:填充-功能空间聚集起

设计说明：本设计作为传统区域的历史保护建筑与新建项目，意在将该展览馆设计成为与社会、文化、历史、民俗、经济等相互结合的多用途建筑，既有形式上的创新，又保护和延续古徽州原有的历史风貌和文化传承。城市设计阶段以水为出发点，将水作为导向作用、文脉延续、和空间界定的切入点。引入已荒废的基地内部，激发整个地块内部新的活力，使展览馆从水口开始，成为一个村落的缩影。参观者可以更加切实的体会当地的文化。在历史建筑的保护上遵循最大程度保护修复的理念，将古建筑和历史街巷成为展览馆的一部分。在空间层次上，颠覆了古徽州建筑对内开放对外封闭的设计，在围墙与展览空间中形成新的室外空间，但同时又存在于展览馆的内部，使内外转换，里外交织。展览馆不是独立的建筑，更与历史遗留建筑构成了新的城市肌理，不论是对游人还是居民，都发挥了新的作用，提升了使用价值。

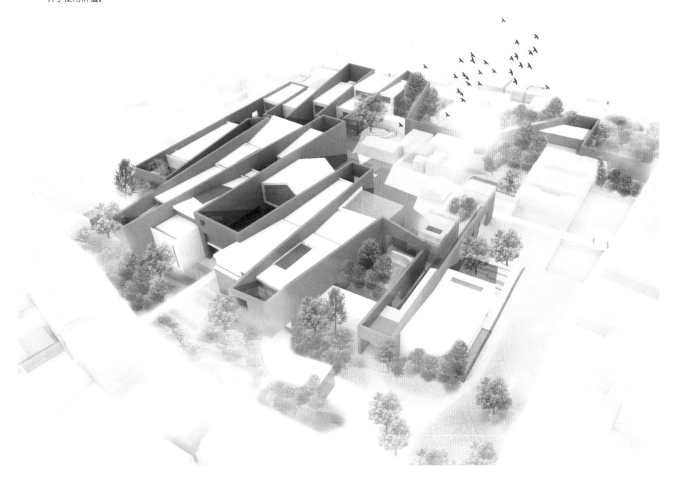

缝合·翻转

传统街区保护及徽州艺术展览馆设计
TRADITIONAL BLOCK PROTECTION AND ART
MUSEUM DESIGN IN HUIZHOU

天津城建大学
TIANJIN CHENGJIAN UNVERSITY

设计者：王若笛　王　璨
指导老师：王克宁

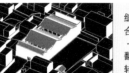
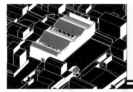

N

总平面图

0　10　20m

A:老屋阁
B:后街三号

首层平面图

二层平面图

地下一层平面图　0　10　20m

教师评语：依水而建、缝合城市、内外翻转，三个层次，结构清晰；城市的缝合也无须穿针引线，开放的空间和态度是第一步，内外翻转的模式转换将原有的空间打开并链接，同时并没有失去原有的尺度和密度；围合与开放交织，层层院落自然形成，而故事也逐渐展开，继续开始诉说……

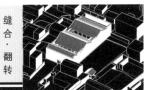

缝
合
·
翻
转

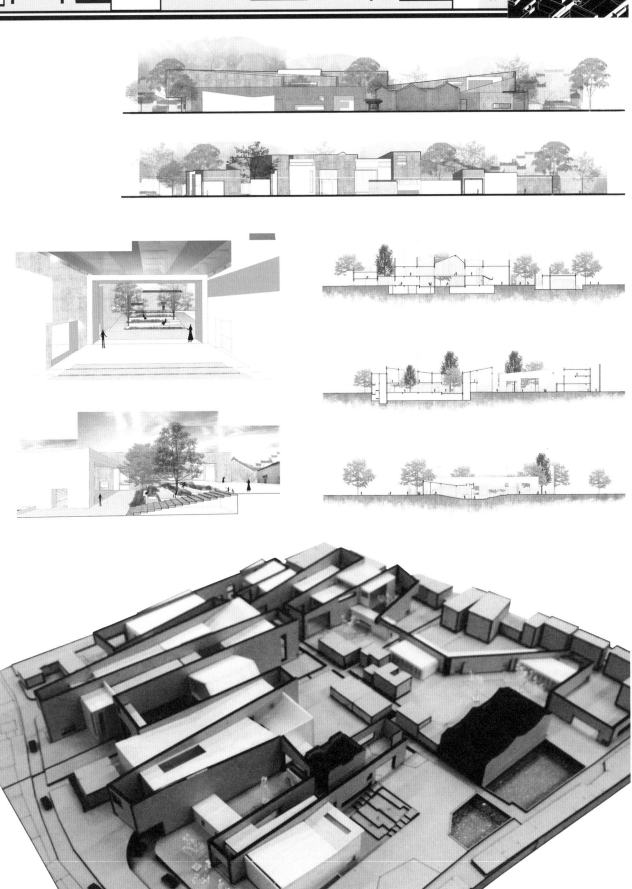

拓扑映射

传统街区保护及徽州艺术展览馆设计
TRADITIONAL BLOCK PROTECTION AND ART MUSEUM DESIGN IN HUIZHOU

天津城建大学
TIANJIN CHENGJIAN UNVERSITY

设计者: 陈永豪 朱冠旗
指导老师: 王克宁

TOPYLOGY REMAPPING

RESEARCH / 现状建筑调查

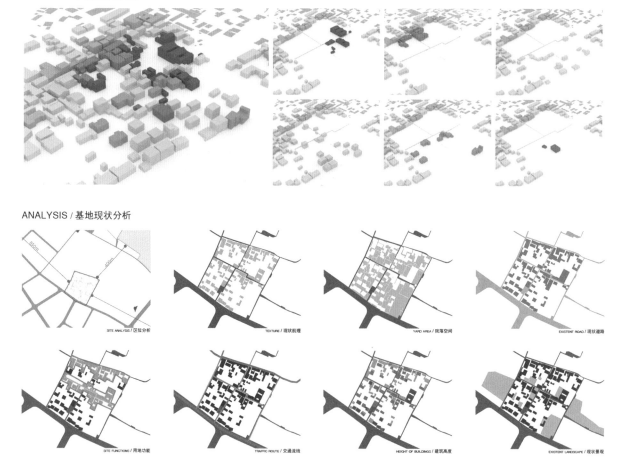

ANALYSIS / 基地现状分析

SITE ANALYSIS / 区位分析

TEXTURE / 现状肌理

YARD AREA / 院落空间

EXISTENT ROAD / 现状道路

SITE FUNCTIONS / 用地功能

TRAFFIC ROUTE / 交通流线

HEIGHT OF BUILDINGS / 建筑高度

EXISTENT LANDSCAPE / 现状景观

拓扑映射

传统街区保护及徽州艺术展览馆设计
TRADITIONAL BLOCK PROTECTION AND ART MUSEUM DESIGN IN HUIZHOU

天津城建大学
TIANJIN CHENGJIAN UNVERSITY

设计者：陈永豪 朱冠旗
指导老师：王克宁

REMAPPING / 屋顶形式生成

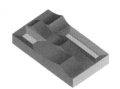  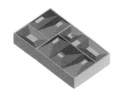 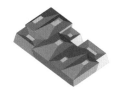

scheme 1

方案一，采用最传统的方式，将展厅与休息空间形式区分。

scheme 2

方案二，加强天井的空间感。

scheme 3

方案三，尝试将天井的下凹与屋顶的上凸相结合。

scheme 4

方案四，尝试对墙壁进行倾斜。

 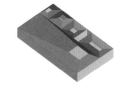 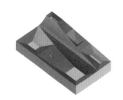

scheme 5

方案五，将相同的屋顶类型进行合并。

scheme 6

方案六，用一种屋顶形式进行概括。

scheme 7

方案七，在一个屋顶形式中包容上升和下降的趋势。

REMAPPING / 屋顶拼接方式

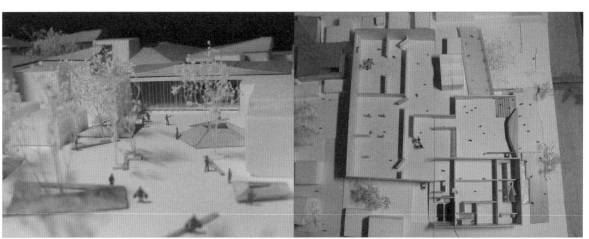

拓扑映射

传统街区保护及徽州艺术展览馆设计
TRADITIONAL BLOCK PROTECTION AND ART
MUSEUM DESIGN IN HUIZHOU

天津城建大学
TIANJIN CHENGJIAN UNIVERSITY

设计者：陈永豪　朱冠旗
指导老师：王克宁

一层平面图

二层平面图

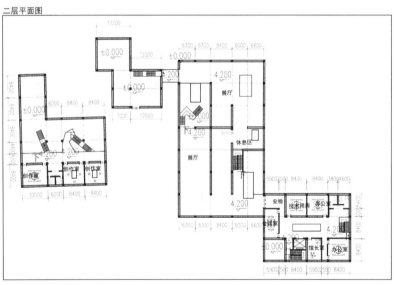

地下一层平面图

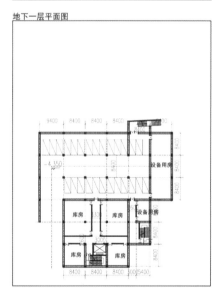

地下一层功能分区

首层功能分区

二层功能分区

教师评语：欢迎回到建筑问题，非常令人惊喜；更多的保留，从空隙中滋生出新建筑，有限度地建设，是非常好的出发点；从老屋阁
模式中不断发展衍生出新的"空间＋结构＋屋顶"模式；这一模式，超越了符号化，有着超出预期的潜力。

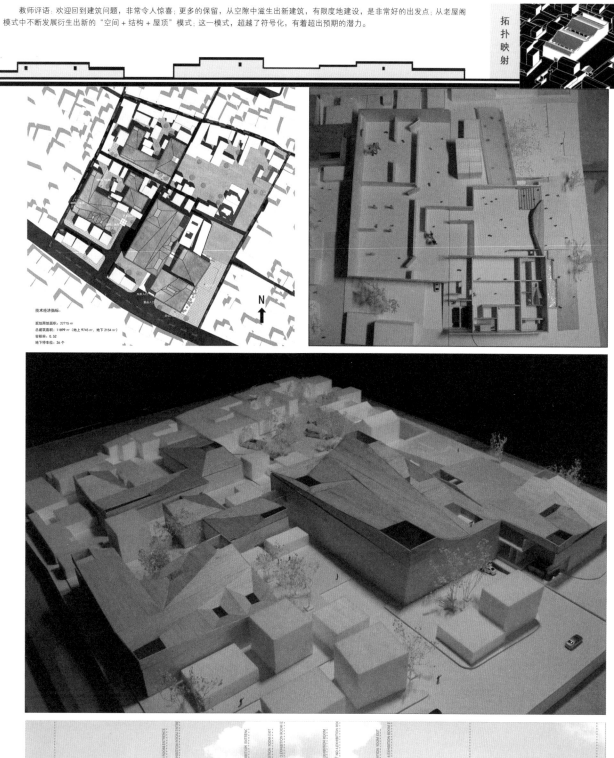

技术经济指标：
规划用地面积：27715 ㎡
总建筑面积：11809 ㎡（地上 9745 ㎡，地下 2154 ㎡）
容积率：0.52
地下停车泊位：26 个

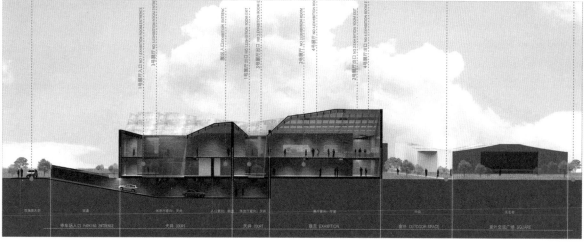

烟台大学创建于1984年7月，坐落于"中国最佳魅力城市"——烟台，是国内距海最近、拥有海岸线最长的滨海大学，是山东省属重点综合性大学。

烟台大学建筑学院现设五年制建筑学和四年制环境设计、视觉传达设计三个本科专业。建筑学专业2009年被学校评为烟台大学特色专业预备建设点，2010年被评为烟台大学特色专业，2011年和2015年顺利通过全国建筑学专业评估委会本科教育评估。2012年建筑学专业成为省级特色专业。2013年建筑学专业入选山东省应用型名校工程建设项目烟台大学重点建设专业，环境设计和视觉传达设计专业成为辐射带动专业。

烟台大学

程坦

李鲁超

罗世魁

刘瀛泽

STUDENTS

张学

栾鹏

张庆芳

汪玲

贾志林　　张巍　　任彦涛

TEACHERS

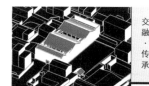

传统街区保护及徽州艺术展览馆设计
TRADITIONAL BLOCK PROTECTION AND ART MUSEUM DESIGN IN HUIZHOU

交融·传承

烟台大学
YANTAI UNIVERSITY
设计者：程 坦 李鲁超
指导老师：贾志林

概念运用

肌理提取 肌理梳理 肌理运用 肌理还原

来源：传统空间，庭院园苑

概念生成

| Newness | | 对峙 |
| Oldness | | |

| Newness | | 融合 |
| Oldness | | |

| Newness | | 分解 |
| Oldness | | |

| Newness | | 消解 |
| Oldness | | |

应用：内向围和，外紧内松

添加：原有元素，丰富界面

屋顶生成

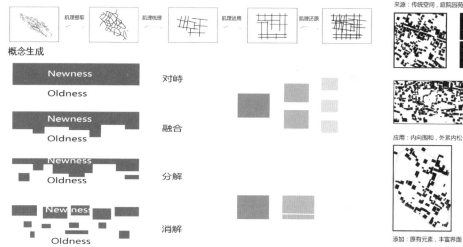

传统建筑的群落分布的屋顶

曲折跳动的屋脊线

跳动的水平面

水池 ＋ 街道 ＋ 院落 ＝

体块　→　曲折的屋脊　→　肌理分割　→　　　　→　底座作为辅助　→　最终形态

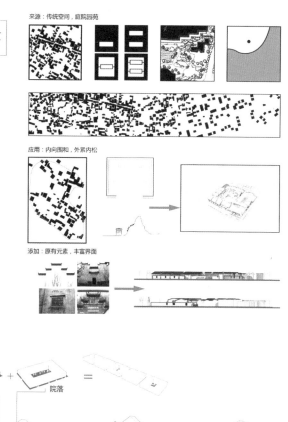

传统街区保护及徽州艺术展览馆设计
TRADITIONAL BLOCK PROTECTION AND ART MUSEUM DESIGN IN HUIZHOU

烟台大学
YANTAI UNIVERSITY

设计者：程 坦 李鲁超
指导老师：贾志林

交融·传承

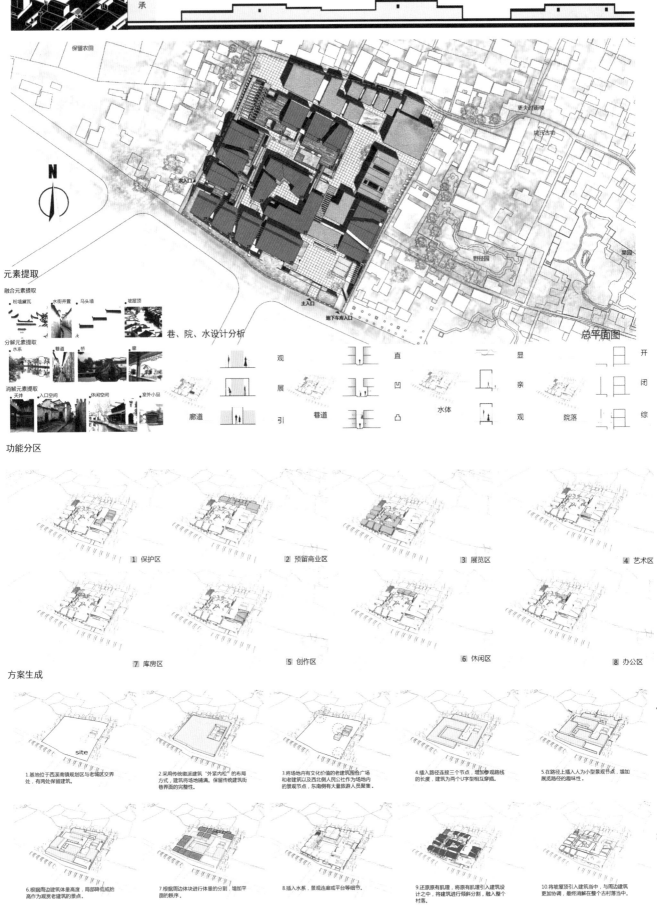

总平面图

元素提取

融合元素提取
粉墙黛瓦　水街井置　马头墙　坡屋顶

分解元素提取
水系　巷道　桥　廊

消解元素提取
天井　入口空间　休闲空间　室外小品

巷、院、水设计分析

观　直　显　开
展　凹　亲　闭
引　凸　观　综
廊道　巷道　水体　院落

功能分区

1 保护区　　2 预留商业区　　3 展览区　　4 艺术区

7 库房区　　5 创作区　　6 休闲区　　8 办公区

方案生成

site

1.基地位于西溪南镇规划区与老城区交界处，有两处保留建筑。

2.采用传统徽派建筑"外紧内松"的布局方式，建筑将场地填满。保留传统建筑街巷界面的完整性。

3.将场地内有文化价值的老建筑围合广场和老建筑以及西北侧人民公社作为场地内的景观节点，东南侧有大量旅游人员聚集。

4.插入路径连接三个节点，增加参观路线的长度，建筑为两个U字型相互穿插。

5.在路径上插入人为小型景观节点，增加展览路径的趣味性。

6.根据周边建筑体量高度，局部降低或抬高作为观赏老建筑的景点。

7.根据周边体块进行体量的分割，增加平面的秩序。

8.插入水系，景观连廊或平台等细节。

9.还原原有肌理，将原有肌理引入建筑设计之中，将建筑进行倾斜分割，融入整个村落。

10.将坡屋顶引入建筑设计中，与周边建筑更加协调，最终消解在整个古村落当中。

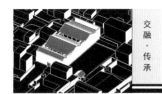

传统街区保护及徽州艺术展览馆设计
TRADITIONAL BLOCK PROTECTION AND ART MUSEUM DESIGN IN HUIZHOU

烟台大学
YANTAI UNIVERSITY

设计者：程　坦　李鲁超
指导老师：贾志林

交融·传承

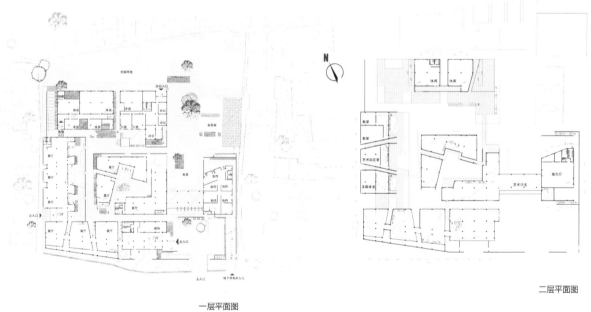

一层平面图

二层平面图

东立面图 1:800

西立面图 1:800

教师评语：该设计作品充分尊重当地徽派地区古镇千百年来所形成的文化传统、历史文脉、街区肌理，运用现代的设计手法，无论从总体布局到单体设计，从庭院空间到建筑空间的表达，在保护与利用，继承与创新等方面的把握都恰到好处，作为学生作业，其作品的设计质量、设计深度以及成果表现，都达到了一个较高的设计水准。

交融·传承

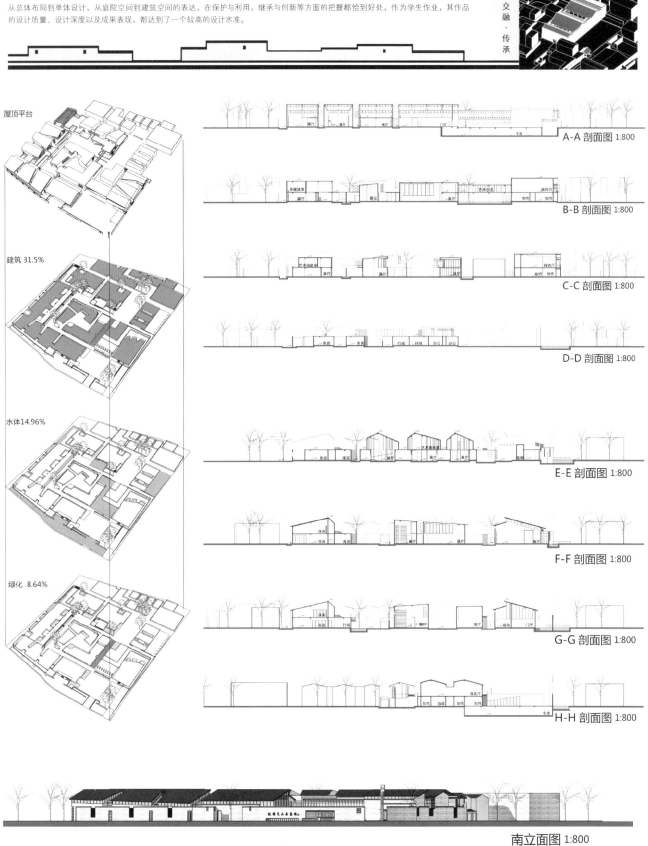

屋顶平台

建筑 31.5%

水体14.96%

绿化 8.64%

A-A 剖面图 1:800

B-B 剖面图 1:800

C-C 剖面图 1:800

D-D 剖面图 1:800

E-E 剖面图 1:800

F-F 剖面图 1:800

G-G 剖面图 1:800

H-H 剖面图 1:800

南立面图 1:800

北立面图 1:800

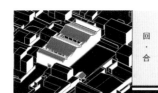

传统街区保护及徽州艺术展览馆设计
TRADITIONAL BLOCK PROTECTION AND ART MUSEUM DESIGN IN HUIZHOU

烟台大学
YANTAI UNIVERSITY

设计者：刘瀛泽　罗世魁
指导老师：任彦涛

回·合

■ 项目基地与村镇周边结构

更新策略1/激活要点

更新策略2/调节脉络

更新策略3/整体复苏

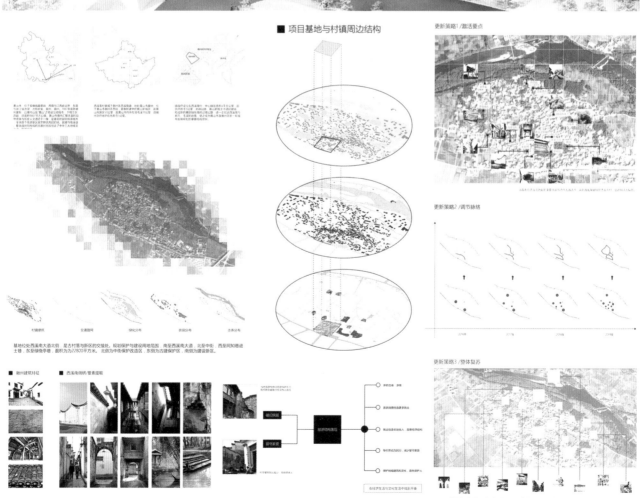

基地位处西溪南大道北侧，是古村落与新区的交接处，拟规划保护与建设用地范围图。南至西溪南大道，北至中街，西至同知巷进士巷，东至绿晓季巷，面积为为22800平方米。北侧为中街保护改造区，东侧为古建保护区，南侧为建设新区。

■ 徽州建筑特征　　■ 西溪南调研/要素提取

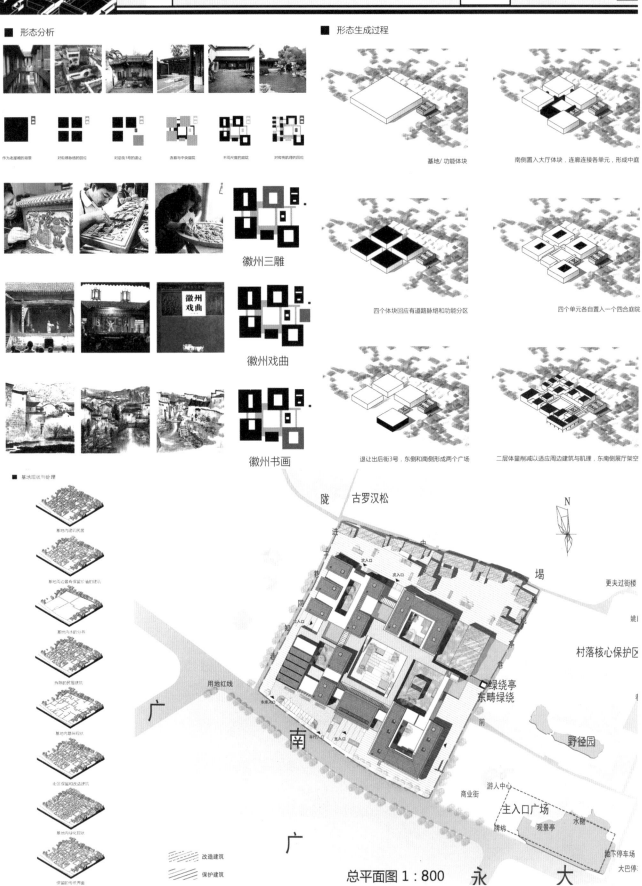

传统街区保护及徽州艺术展览馆设计
TRADITIONAL BLOCK PROTECTION AND ART MUSEUM DESIGN IN HUIZHOU

回·合

烟台大学
YANTAI UNIVERSITY

设计者：刘瀛泽 罗世魁
指导老师：任彦涛

■ 形态分析

■ 形态生成过程

徽州三雕

徽州戏曲

徽州书画

基地/功能体块

南侧置入大厅体块，连廊连接各单元，形成中庭

四个体块回应有道路脉络和功能分区

四个单元各自置入一个四合庭院

退让出后街3号，东侧和南侧形成两个广场

二层体量削减以适应周边建筑与肌理，东南侧展厅架空

■ 基地现状与处理

改造建筑

保护建筑

总平面图 1:800

传统街区保护及徽州艺术展览馆设计
TRADITIONAL BLOCK PROTECTION AND ART MUSEUM DESIGN IN HUIZHOU

回·合

烟台大学
YANTAI UNIVERSITY

设计者：刘瀛泽　罗世魁
指导老师：任彦涛

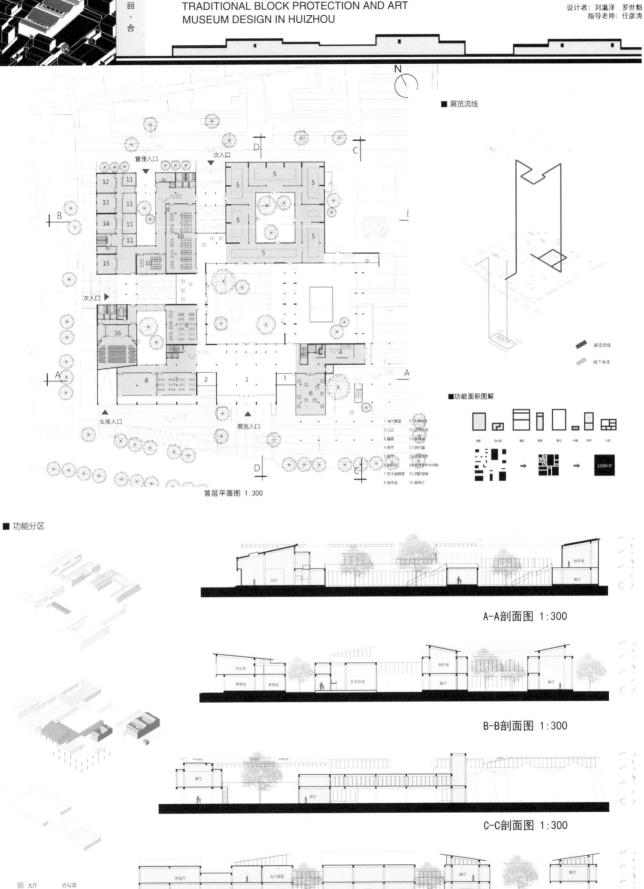

■ 展览流线

N

首层平面图 1:300

■ 功能面积图解

■ 功能分区

大厅　　办公区
展区　　地下车库
公共区　地下库房
创作区

A-A剖面图 1:300

B-B剖面图 1:300

C-C剖面图 1:300

D-D剖面图 1:300

教师评语：设计以围合院落来回应徽派民居的典型特征，通过对展览流线的有效组织，使整个建筑方案流线清晰，功能分区明确，建筑的整体布局中设置了多个庭院、天井和街巷，既营造出舒适宜人的室内外空间环境，也是徽派建筑空间布局的重释；设计中充分考虑新建筑与被保护建筑的关系，使之与整个村落形态更加自然地融为一体；建筑形式上吸收现有徽派民居的元素，在适当采用当地传统建筑技术的同时，以灵活的方式使用砖、瓦等当地常见的建筑材料，并尝试使之呈现出了现代感。

回 . 合

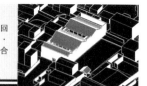

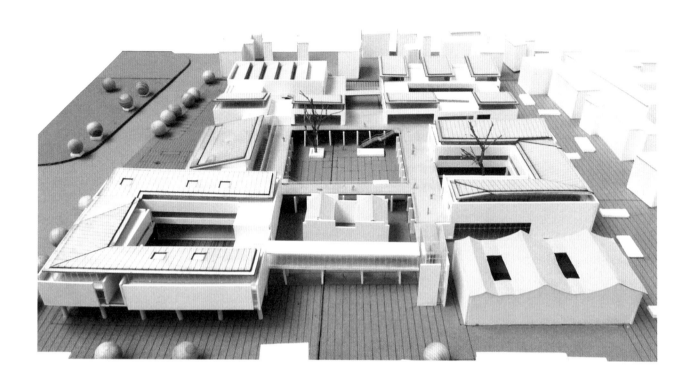

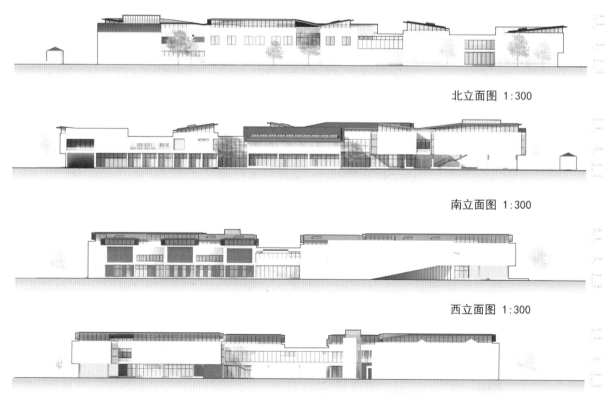

北立面图 1:300

南立面图 1:300

西立面图 1:300

东立面图 1:300

传统街区保护及徽州艺术展览馆设计
TRADITIONAL BLOCK PROTECTION AND ART MUSEUM DESIGN IN HUIZHOU

烟台大学
YANTAI UNIVERSITY

设计者: 张 学 栾 鹏
指导老师: 张 巍

区位交通分析　　　　　　　　　　　　　　　　场地交通系统分析

交通方式分析图　　水系分析图　　　　节点分析图

服务中心节点分析图　　功能分析图　　植被覆盖分析图　　水系和行为分析图

游览景观分析图　　古树分布图　　　古宅分布图　　　古院落分布图

3F
2F
1F

原有徽派建筑
原有非徽派建筑
新建徽派建筑
木质或石质建筑

基地内的保留建筑　　　　基地内的建筑层高　　　　基地内的建筑等级

经济技术指标:

用地面积: 22800平方米
总建筑面积: 12880平方米
建筑占地面积: 8197平方米
建筑密度: 35.95%
容积率: 0.56
绿化率: 9.2%

展

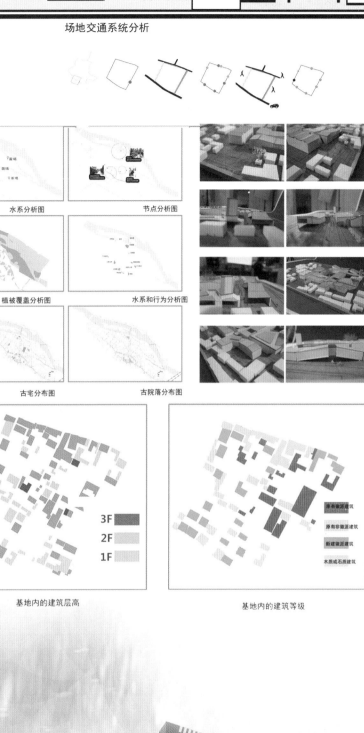

91

传统街区保护及徽州艺术展览馆设计
TRADITIONAL BLOCK PROTECTION AND ART MUSEUM DESIGN IN HUIZHOU

烟台大学
YANTAI UNIVERSITY

设计者：张 学 栾 鹏
指导老师：张 巍

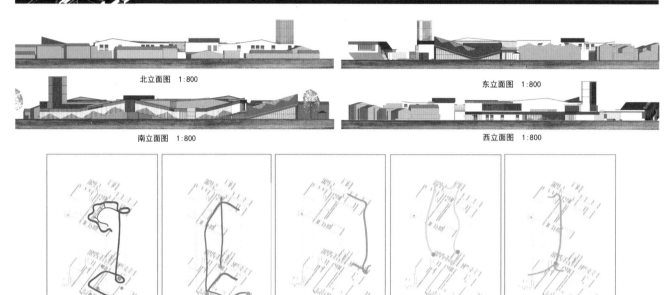

北立面图 1:800

东立面图 1:800

南立面图 1:800

西立面图 1:800

游客的室内游览路线分析图　　工作人员的室内游览路线分析图　　村民的室内游览路线分析图　　艺术家的室内游览路线分析图　　学者的室内游览路线分析图

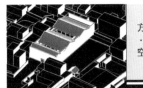

方·空

传统街区保护及徽州艺术展览馆设计
TRADITIONAL BLOCK PROTECTION AND ART MUSEUM DESIGN IN HUIZHOU

烟台大学
YANTAI UNIVERSITY

设计者: 张 学 栾 鹏
指导老师: 张 巍

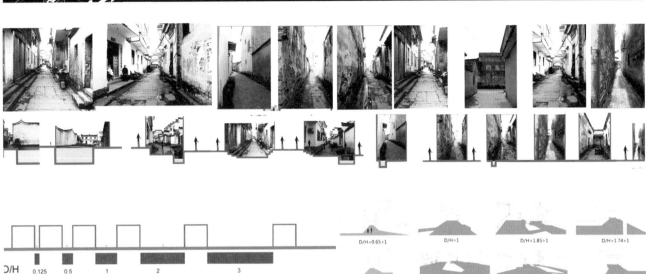

D/H

0.125　0.5　1　2　3

D/H＜1 空间紧迫感比较强烈 缺口会产生强烈的入口的感觉 人们不想在这种空间中长时间 逗留喜欢快速穿行

D/H＝1 高度和间距相对均衡 是个临界点，人们在这个尺度 中开始具有强烈的紧迫感而 开始喜欢停留

D/H＞1 人们在这个尺度中 不再具有有紧迫感而开始喜欢 停留空间的宽敞，人们的通 过速度开始减慢

D/H=0.65<1　D/H=1　D/H=1.85>1　D/H=1.74>1

D/H=0.75<1　D/H=1.55>1　D/H=1.75>1　D/H=0.83<1

D/H=0.65<1　D/H=1.79　D/H=1.85>1　D/H=0.80<1

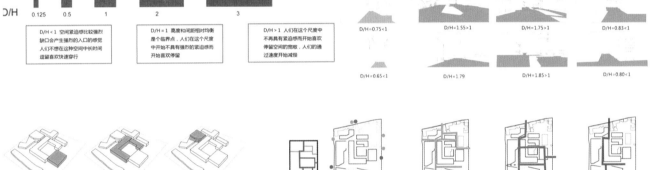

门厅　　展厅　　报告厅

商业　　创作区　　活动中心

村民游客入口　室外村民路线　室外游客路线　室外艺术家路线

艺术家内院　村民广场　展厅内院　商业步行街

教师评语：设计最有意思的地方是发现新方向。二位同学尝试在本设计中不带任何预设地展开设计。通过对空间的尺度、生活生产方式、流线的组织、聚落环境等的讨论逐步发现适合场地和项目要求的可能。尤其是在设计过程中关注到了居民的生活生产方式的发展变化，注意到了场地中存在的强烈的新的空间模式、生活方式对传统聚落空间的冲击，并尝试在空间层面给予回应。问题在于设计的整合度不够，欠缺了一点力度。

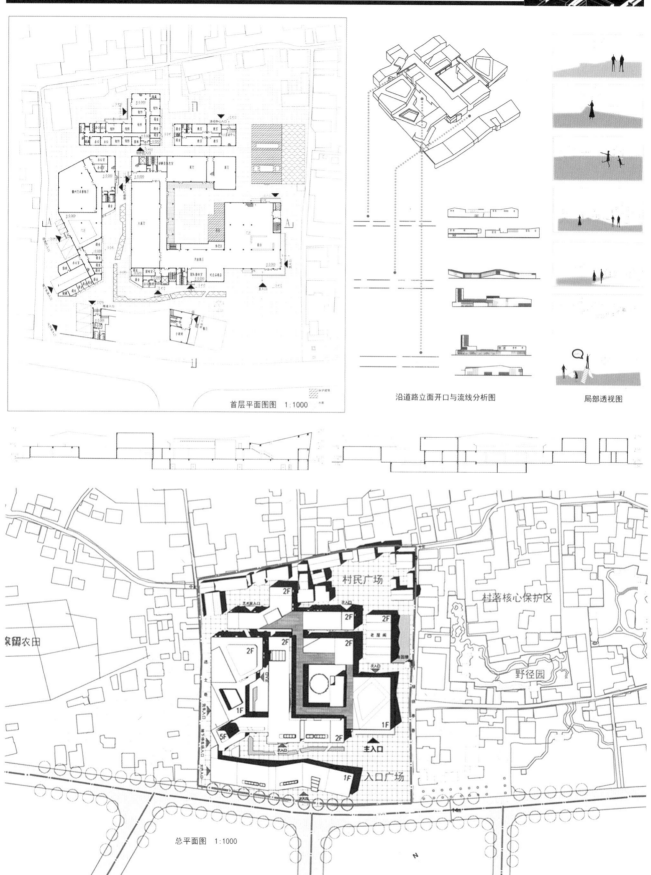

首层平面图图 1:1000

沿道路立面开口与流线分析图

局部透视图

总平面图 1:1000

传统街区保护及徽州艺术展览馆设计
TRADITIONAL BLOCK PROTECTION AND ART MUSEUM DESIGN IN HUIZHOU

烟台大学
YANTAI UNIVERSITY

设计者：汪 玲 张庆芳
指导老师：张 巍

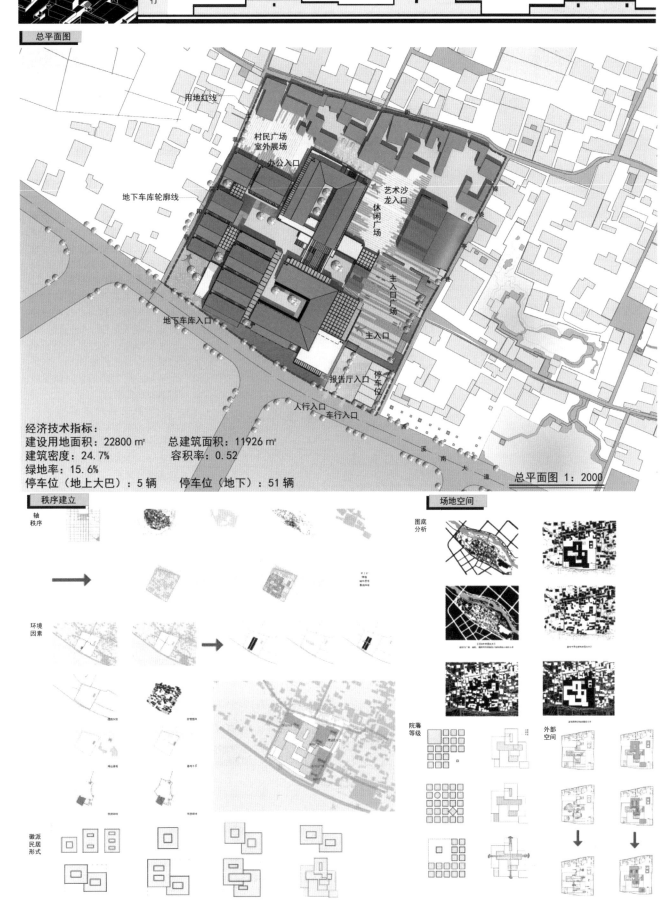

总平面图

用地红线
村民广场
室外展场
办公入口
地下车库轮廓线
艺术沙龙入口
休闲广场
主入口广场
地下车库入口
主入口
报告厅入口
停车位
人行入口
车行入口
溪南大道

经济技术指标：
建设用地面积：22800 ㎡　　总建筑面积：11926 ㎡
建筑密度：24.7%　　容积率：0.52
绿地率：15.6%
停车位（地上大巴）：5辆　　停车位（地下）：51辆

总平面图 1：2000

秩序建立

轴秩序

环境因素

徽派民居形式

场地空间

图底分析

院落等级

外部空间

庭留·径行

传统街区保护及徽州艺术展览馆设计
TRADITIONAL BLOCK PROTECTION AND ART MUSEUM DESIGN IN HUIZHOU

烟台大学
YANTAI UNIVERSITY

设计者：汪 玲 张庆芳
指导老师：张 巍

平面图

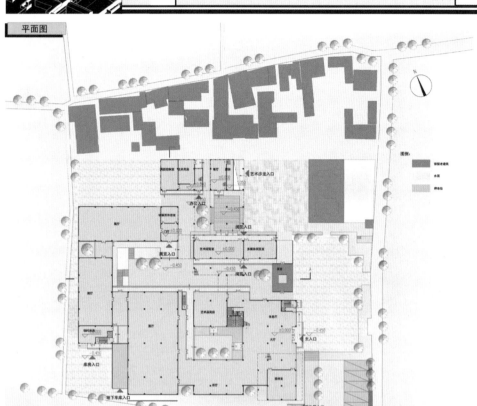

一层平面图 1:1600

设计说明

设计课题的基地位于安徽省南部黄山市徽州区西部的西溪南镇。设计课题的基地位于西溪南镇南部，总保护与建设用地共约 22800 余平方米。该基地南临西溪南大道，北临传统核心街区中街，基地内有前街贯穿而过，且基地内有老屋阁与绿绕亭两处全国重点文物保护单位，基地内有很多保持较完整的古民居及街巷，还有村民自建的新徽派建筑。整体村落街巷保持很好的空间机理，建筑风貌稍有破落。

本方案基于对西溪南村与周边环境的关系，以及对它经济和旅游的定位。我们将我们的展览馆定位于主要服务于当地居民，其次开发旅游，服务于游客，扩大旅游业，预留旅游业发展的潜力。

方案主要考虑庭院和广场，充分利用场地，为村民与游客尽最大可能提供"庭留"的空间，也为他们提供"径行"的通道与联系。

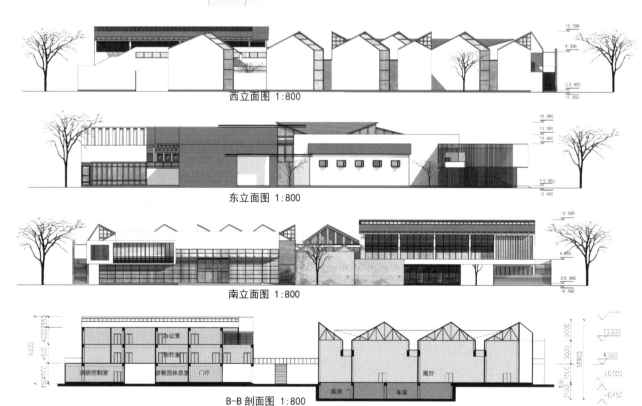

西立面图 1:800

东立面图 1:800

南立面图 1:800

B-B 剖面图 1:800

传统街区保护及徽州艺术展览馆设计
TRADITIONAL BLOCK PROTECTION AND ART MUSEUM DESIGN IN HUIZHOU

烟台大学
YANTAI UNIVERSITY

设计者：汪玲 张庆芳
指导老师：张巍

功能定位

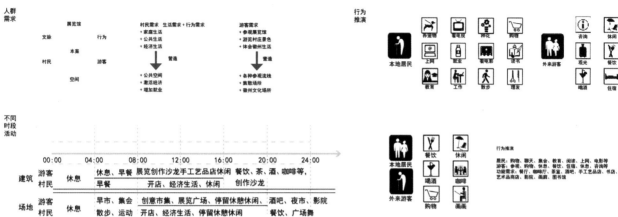

人群需求

文脉　展览馆　行为　村民需求 生活需求＋行为需求　游客需求　行为推演

村民需求	游客需求
+家庭生活	+参观展览馆
+公共生活	+游览村庄景色
+经济生活	+体会徽州生活
营造	营造
+公共空间	+各种参观流线
+激活经济	+集散场所
+增加就业	+徽州文化场所

本地居民：养宠物 上网 教育 看电视 就业 工作 种花 看电影 散步 购物 读书 理发
外来游客：咨询 观光 喝酒 休闲 餐饮 住宿

不同时段活动

		00:00	04:00	08:00	12:00	16:00	20:00	24:00
建筑	游客	休息	早餐	展览创作沙龙手工艺品店休闲	餐饮、茶、酒、咖啡等，			
	村民	休息	早餐	开店、经济生活、休闲		创作沙龙		
场地	游客	休息	早市、集会	创意市集、展览广场、停留休憩休闲		酒吧、夜市、影院		
	村民	休息	散步、运动	开店、经济生活、停留休憩休闲		餐饮、广场舞		

行为推演

本地居民：餐饮 休闲 喝酒 咖啡 购物 画画
外来游客：

居民：购物、聊天、集会、教育、阅读、上网、电影等
游客：参观、购物、休息、餐饮、住宿、休息、咨询等
功能需求：餐厅、咖啡厅、茶室、酒吧、手工艺品店、书店、艺术品商店、影院、画廊、图书馆等

村民游客路线

关系	重叠	交叉	平行
优点	空间利用充分	互相干扰程度小	互不干扰
缺点	路线交叉	空间利用较充分	空间利用率低

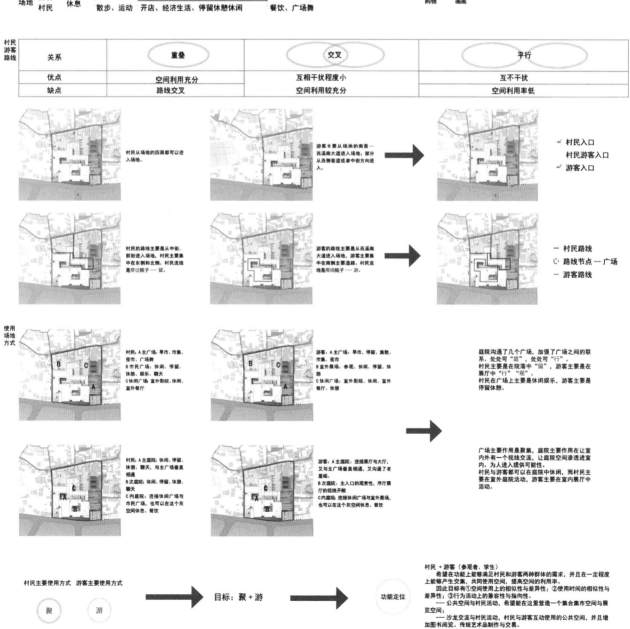

村民从场地的四面都可以进入场地。

游客主要从场地的南面——西溪南大道进入场地；部分从西侧巷道或者中街方向进入。

↗ 村民入口
↗ 村民游客入口
↗ 游客入口

村民的路线主要是从中街、前街进入场地，村民主要集中在东侧和北侧。村民流线是穿过院子——留。

游客的路线主要是从西溪南大道进入场地，游客主要集中在南侧主要道路。村民流线是围绕院子——游。

— 村民路线
○ 路线节点——广场
— 游客路线

村民：A主广场：早市、市集、夜市、广场舞
B市民广场：休闲、停留、休憩、娱乐、聊天
C休闲广场：室外影院、休憩、室外餐厅

游客：A主广场：早市、停留、集散、市集、夜市
B室外广场：参观、休闲、停留、休憩
C休闲广场：室外影院、休闲、室外餐厅、休憩

庭院沟通了几个广场，加强了广场之间的联系。处处可"庭"，处处可"行"。
村民主要是在院落中"留"，游客主要是在展厅中"行""观"。
村民在广场上主要是休闲娱乐，游客主要是停留休憩。

村民：A主庭院：休闲、停留、休憩、聊天，与主广场垂直相通
B次庭院：休闲、停留、休憩、聊天
C内庭院：连接休闲广场与市民广场，也可以在这个灰空间休息、餐饮

游客：A主庭院：连接展厅与大厅，又与主广场垂直相通，又沟通了老屋阁。
B次庭院：主入口的观赏性，序厅展厅的视线开敞
C内庭院：连接休闲广场与室内展厅，也可以在这个灰空间休息、餐饮

广场主要作用是聚集，庭院主要作用在让室内外有一个视线交流，让庭院空间渗透进室内。为人进入提供可能性。
村民与游客都可以在庭院中体闲，而村民主要在室外庭院活动，游客主要在室内展厅中活动。

村民主要使用方式　游客主要使用方式

聚　游

目标：聚＋游　→　功能定位

村民＋游客（参观者、学生）
希望在功能上能够满足村民和游客两种群体的需求，并且在一定程度上能够产生集交，共同使用空间，提高空间的利用率。
因此目标有①空间使用的相似性与差异性；②使用时间的相似性与差异性；③行为活动上的兼容性与指向性。
——公共空间与村民活动，希望能在这里营造一个集合集市空间与展览空间；
——沙龙交流与村民活动，村民与游客互动使用的公共空间，并且增加图书阅览、传统艺术品制作与交易。

教师评语：空间是二位同学在本次设计中的主要对象，空间形态是基本切入点。在设计中敏锐地抓住了项目中对于空间尺度的两种大小的要求：更具公共性的大尺度的展览和公共活动空间以及更具生活性的小尺度的居民日常生活和其他辅助空间。设计以不同的形态回应两种空间的不同要求，简单的条形空间的组合对应公共性，院落空间对应生活性空间，最终通过旧有的建筑与空间这样一个中介实现了两类空间的整合。

庭留·径行

空间界面分析

空间界面分析主要对建筑与室外空间界面的讨论

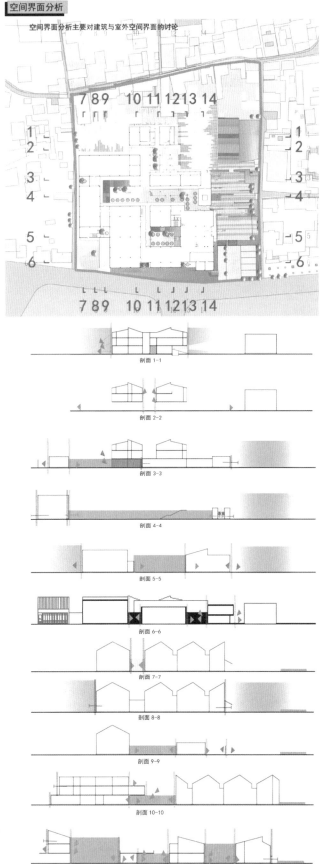

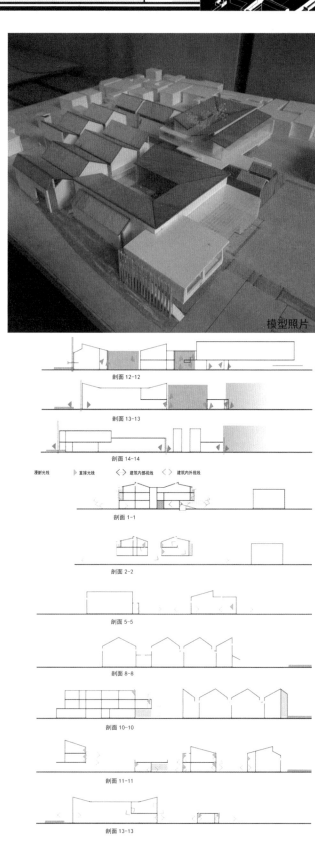

模型照片

剖面 1-1

剖面 2-2

剖面 3-3

剖面 4-4

剖面 5-5

剖面 6-6

剖面 7-7

剖面 8-8

剖面 9-9

剖面 10-10

剖面 11-11

剖面 12-12

剖面 13-13

剖面 14-14

漫射光线　▶直接光线　〈　〉建筑内部视线　〈　〉建筑内外视线

剖面 1-1

剖面 2-2

剖面 5-5

剖面 8-8

剖面 10-10

剖面 11-11

剖面 13-13

剖面 14-14

浙江工业大学是教育部和浙江省共建高校，浙江省属重点大学，国家"2011计划"首批 14 所牵头高校，首批"卓越计划"入选高校，亚洲规划院校联盟（APSA）成员。

建筑工程学院建筑学专业是浙江省属院校最早也是唯一通过住房和城乡建设部本科教育评估的专业。建筑工程学院前身是成立于 1979 年的浙江工学院土木系，1996 年以土木系为基础组建建筑工程学院。建筑学为校级重点建设专业。

学校和建筑学专业简介

陈耀　余星凯

李嘉蓉　戴琴

胡佐凯　金珉子

许晶夏　谢舒婕

STUDENTS

浙江工业大学

王红　　谢榕　　朱恽

TEACHERS

传统街区保护及徽州艺术展览馆设计
TRADITIONAL BLOCK PROTECTION AND ART MUSEUM DESIGN IN HUIZHOU

浙江工业大学
ZHEJIANG UNIVERSITY OF TECHNOLOGY

设计者：陈 耀 余星凯
指导老师：王 红

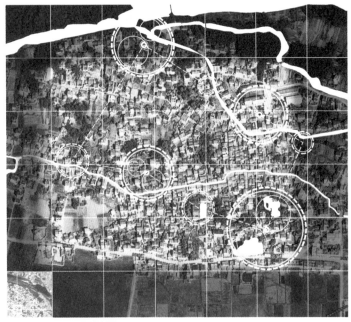

■ The landscape nodes/ 景观节点现状

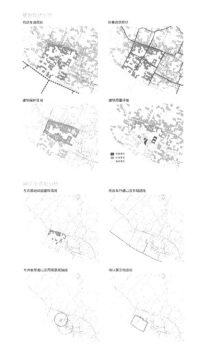

■ The site situation/ 场地现状

宏观区位图　　中观区位图　　微观区位图

本次传统街区保护及徽州艺术展览馆设计位于安徽黄山市的西溪南镇，基地内有全国文物保护单位老屋阁及绿绕亭，并且还有很多传统民居，在进行改造设计时我们先通过实地调研分析出场地中存在的问题，根据这些问题提出相对应的设计策略，再结合周边环境及各类因素提出街区改造后的功能定位及具体方案。

■ The questions of status quo/ 现状问题

场地优点	场地缺点
文化旅游景点多	景点之间缺乏连接
村内水系完整丰富	规划街区内只有孤立的渔梁塌
村内街巷道空间丰富多变	缺乏公共活动空间
有历史价值的建筑较多	这些传统建筑多处于闲置状态
以围墙服务的院落过多 内部阴处丰富	许多私人为建的环境景观作品使内建筑风貌弱化

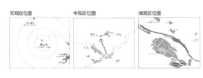

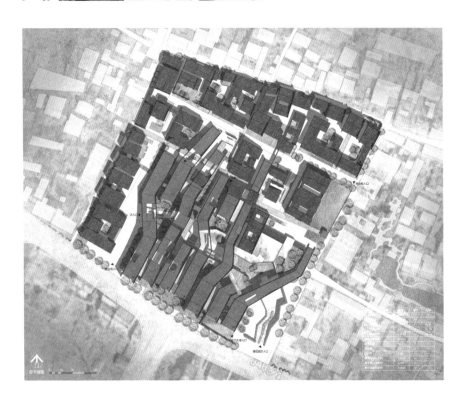

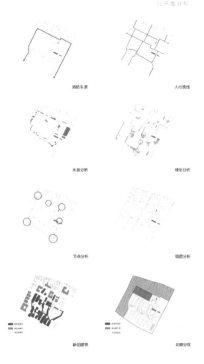

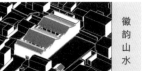

徽韵山水

传统街区保护及徽州艺术展览馆设计
TRADITIONAL BLOCK PROTECTION AND ART MUSEUM DESIGN IN HUIZHOU

浙江工业大学
ZHEJIANG UNIVERSITY OF TECHNOLOGY

设计者：陈　耀　余星凯
指导老师：王　红

■ 街区规划手段

一、道路

保留原街区的道路关系，实现街区脉络的传承

结合保留建筑和展览馆用地，规划新的街区路线

新的路线满足规划后街区的消防和车行需求

对新老道路的节点进行处理，创造丰富的空间节点

二、建筑

根据建筑质量评估确定街区内的保留建筑

原街区的建筑肌理比较松散，采取肌理修补的手段

以"院落"为主题进行街区建筑肌理的修补

考虑展览馆建筑单体进行延伸，共同塑造街区

三、水系

街区原有水系较为孤立，渔街塘与两边水系没有连接

以水系作为线索串联展览馆，老街塘和规划后的街区

规划后的水系在街区不同的位置创造不同尺度的空间

水系连接巢园和中班水系，使规划后的水系融于村落

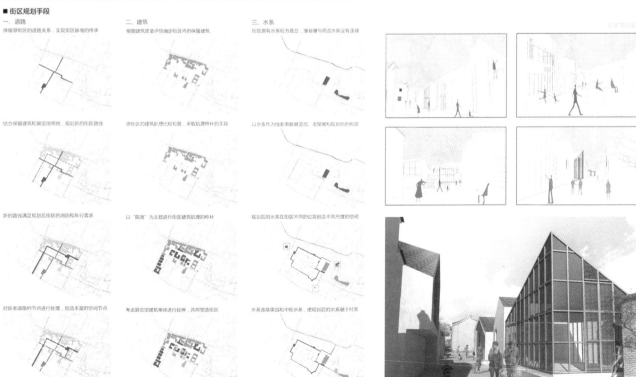

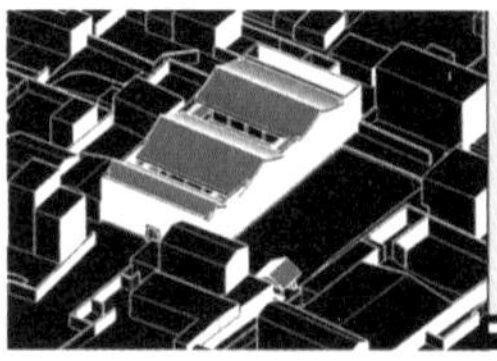

徽韵山水

传统街区保护及徽州艺术展览馆设计

TRADITIONAL BLOCK PROTECTION AND ART MUSEUM DESIGN IN HUIZHOU

浙江工业大学
ZHEJIANG UNIVERSITY OF TECHNOLOGY
设计者：陈 耀 余星凯
指导老师：王 红

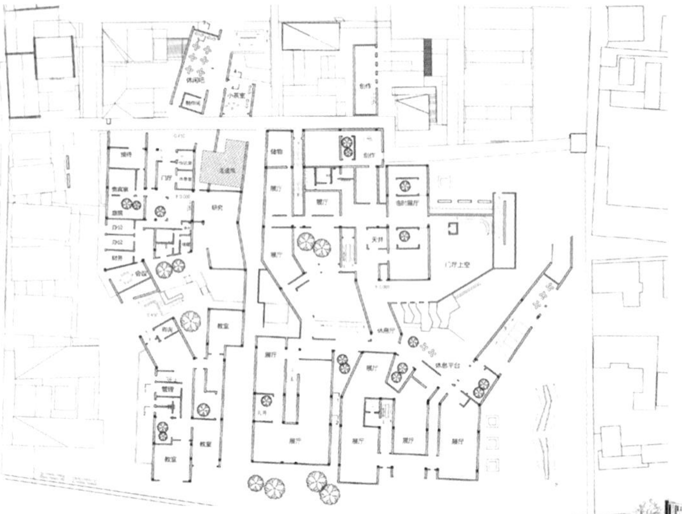

一层平面图

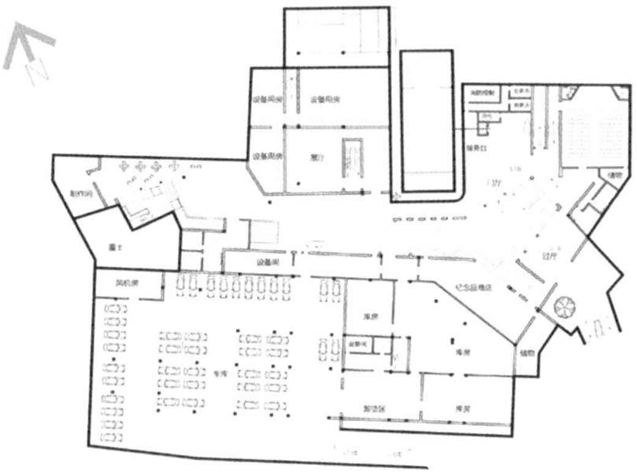

地下一层平面图

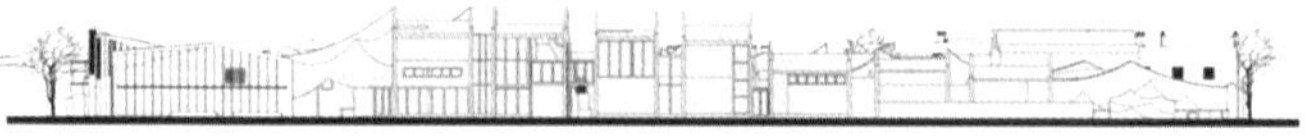

街区东立面

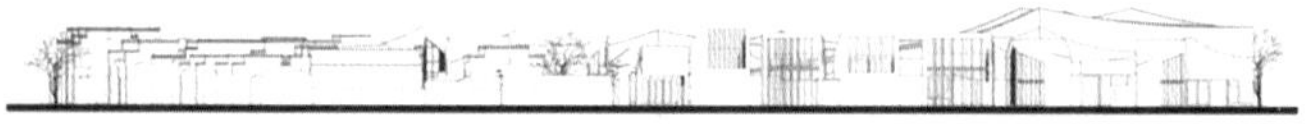

街区西立面

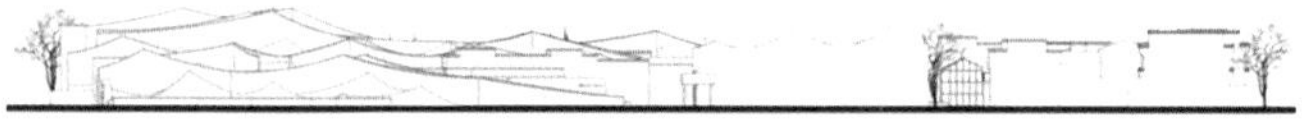

街区南立面

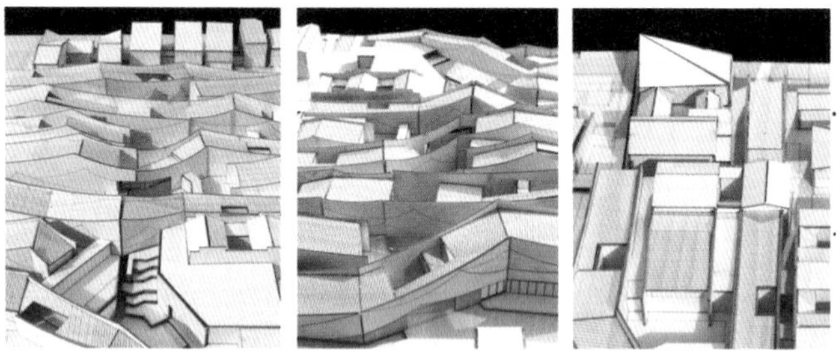

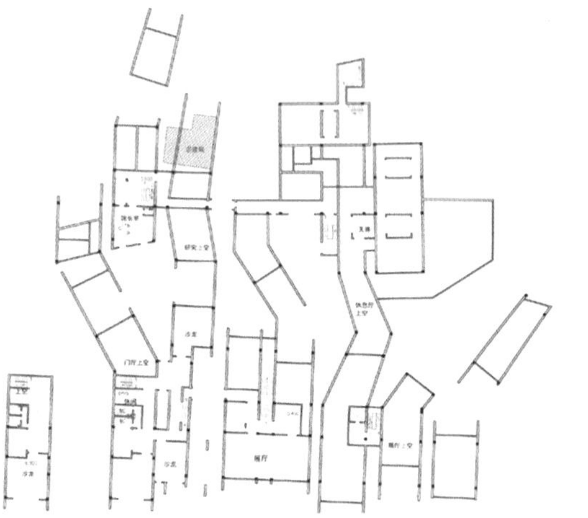

三层平面图　二层平面图

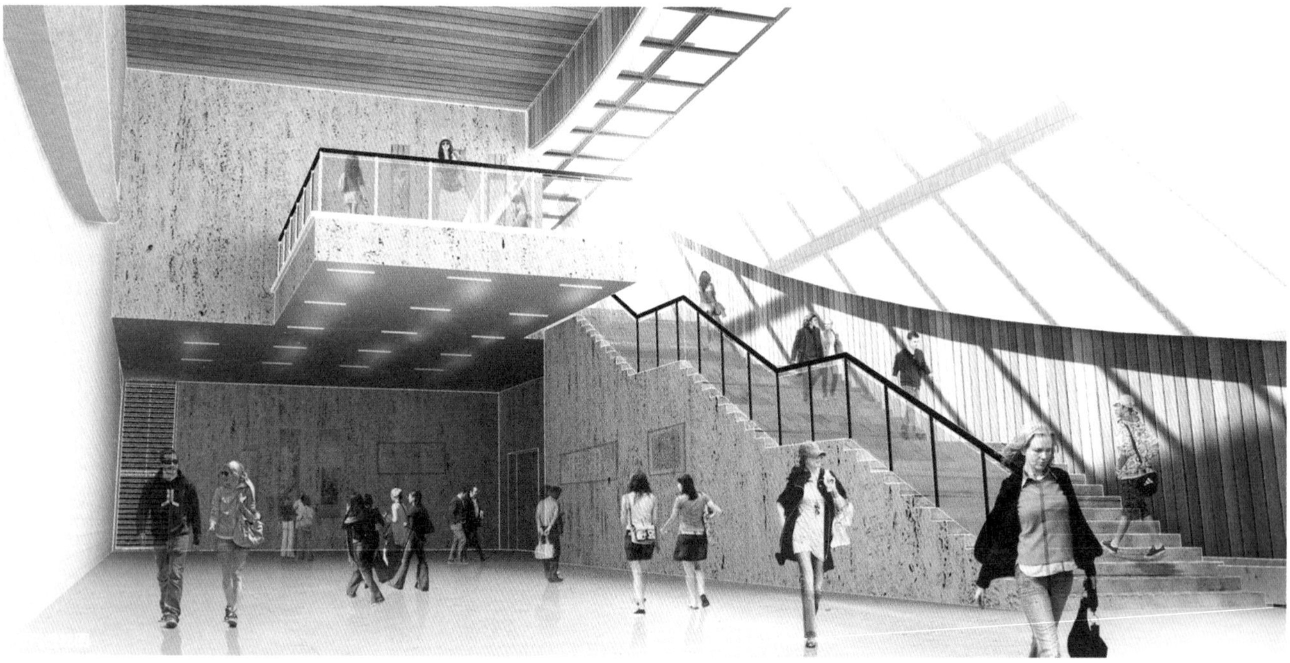

教师评语：设计汲取了西溪南镇传统民居最典型的特征："白墙、黛瓦、高墙、窄巷"，强化窄巷空间，使其成为新建筑的特征形态。同时提取老屋阁优美的屋顶曲线，融传统徽州民居的院落空间于现代展示空间之中。控制新建筑高度，开发地下空间，以东北低西南高的空间形态，体现出对老屋阁的尊重。

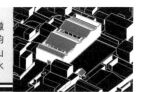

徽韵山水

■ 展览馆生成分析

一、布局分析

建筑通过与保留建筑连接，串联上下两个街区部分

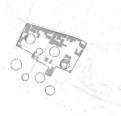

老屋阁和果园的两条轴线影响展览馆的布局

建筑通过架空、退让等手段保留原街区的街道

建筑通过形体曲折退让出基地内的保留树木。

二、意向分析

将老屋阁平面特点和天井元素融入建筑单体中，使展览馆具有典型的徽州建筑特点。

采用马头墙这一徽州民居重要的元素，将传统元素在展览馆上进行新的演绎。

提取老屋阁屋顶曲线作为展览馆造型的重要元素，以此向经典的老屋阁致敬。

将建筑单体变化组合，其屋顶随此起被伏，勾勒出徽州随处可见的层层叠嶂的山景。

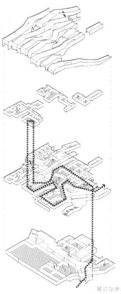

三、细节分析

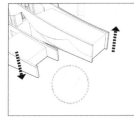

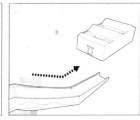

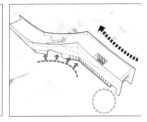

1-1 剖面图

2-2 剖面图

传统街区保护及徽州艺术展览馆设计
TRADITIONAL BLOCK PROTECTION AND ART MUSEUM DESIGN IN HUIZHOU

传统共「生」

浙江工业大学
ZHEJIANG UNIVERSITY OF TECHNOLOGY

设计者: 戴 琴 李嘉蓉
指导老师: 王 红

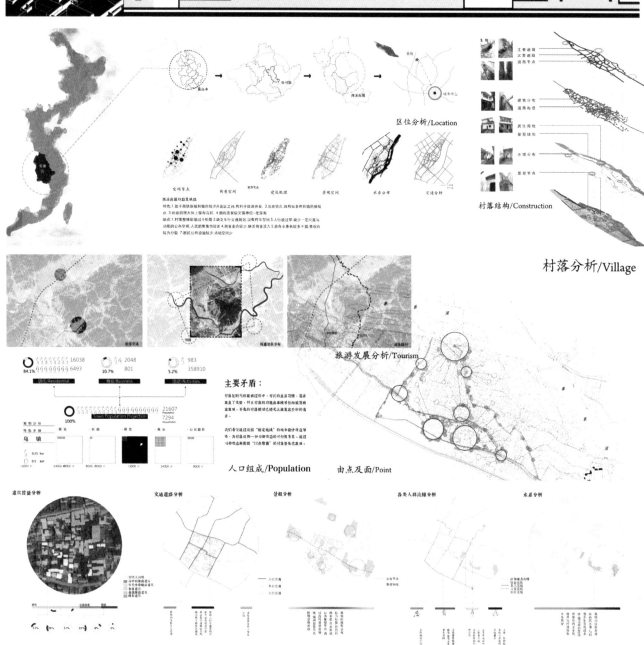

区位分析/Location

村落结构/Construction

村落分析/Village

旅游发展分析/Tourism

人口组成/Population

由点及面/Point

地块分析/Site Analysis

街区立面改造/Elevation

规划分析图/Plan

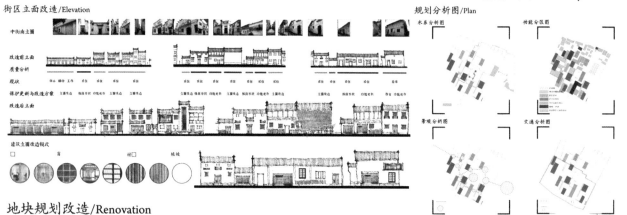

地块规划改造/Renovation

传统街区保护及徽州艺术展览馆设计
TRADITIONAL BLOCK PROTECTION AND ART MUSEUM DESIGN IN HUIZHOU

浙江工业大学
ZHEJIANG UNIVERSITY OF TECHNOLOGY

设计者: 戴 琴 李嘉蓉
指导老师: 王 红

形体分解/Explosion

1. 基地
2. 车行交通主入口
3. 保留主要街巷结构
4. 保留建筑
5. 老屋两Vi展览馆
6. 确定展览馆主入口
7. 总可能保留原有山墙关系
8. 主要室外空间
9. 展览馆基本边线的确定

设计说明/About the design:

建筑生成分析/Generation

室内外空间分析图/Space Analysis

功能分区图/Function

展览空间 /Display
交通与公共空间 /Traffic and Public
书店与咖啡 /Tea&Coffee
艺术沙龙 /Salong
报告厅 /Lecture Hall
办公与辅助 /Office and Auxiliary

流线分析图/Transportation

庭院视线分析/Eyesight

其他图纸/other drawings

南立面图/South elevation

东立面图/East elevation

剖面图1-1

剖面图2-2

墙身大样图1-1 1:50

主立面透视/The Mian Pespective

传统共「生」

传统街区保护及徽州艺术展览馆设计
TRADITIONAL BLOCK PROTECTION AND ART
MUSEUM DESIGN IN HUIZHOU

浙江工业大学
ZHEJIANG UNIVERSITY OF TECHNOLOGY

设计者：戴 琴　李嘉蓉
指导老师：王 红

二层平面图/2nd Floor Plan　1:500

地下一层平面图/B1 Floor Plan 1:500

一层平面图/1st Floor Plan　1:500

技术图纸/Technical drawings

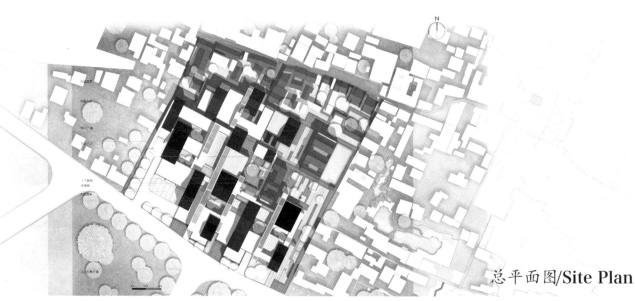

总平面图/Site Plan

鸟瞰图/Aerial View

基地中心节点：

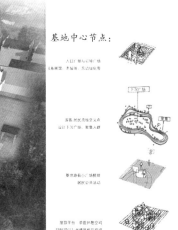

教师评语:"主街、支巷、院落、广场",一环细流,连古串今,在徽州西溪南古镇,吟唱出一曲古今交融的和谐乐章。

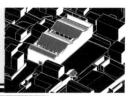

室内透视/Interior

入口与出口/Entrance&Exit

街道/Interior

入口引导/The Lead into

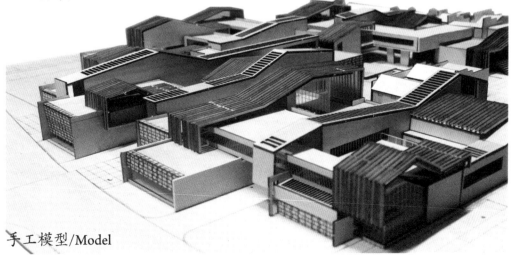

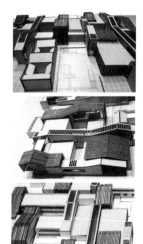

手工模型/Model

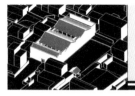

传统街区保护及徽州艺术展览馆设计
TRADITIONAL BLOCK PROTECTION AND ART MUSEUM DESIGN IN HUIZHOU

浙江工业大学
ZHEJIANG UNIVERSITY OF TECHNOLOGY

设计者：胡佐凯　金珉子
指导老师：谢　榕

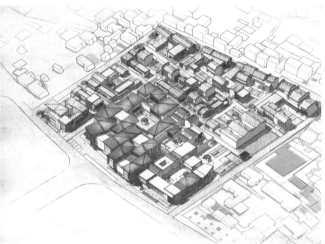

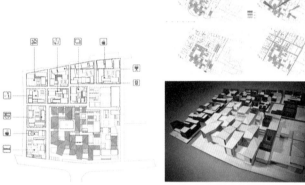

功能分布及规划特点分析

1.保留田园

农耕作为一个具有地域特色的生活方式，被当地居民保留至今，在规划的过程中考虑对当地居民的尊重，在决定保留农耕的生活模式。田地被重新整合、规划，分别置于各个建筑群组之中。这种保留田地的方式，也将让外来游客更好地体验到当地居民的传统生活方式。

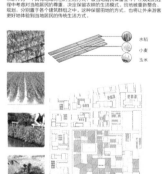

水稻
小麦
玉米

新旧结合

在保留重要旧有建筑的形式下进行新建筑的规划。

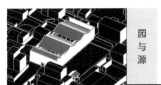
传统街区保护及徽州艺术展览馆设计
TRADITIONAL BLOCK PROTECTION AND ART MUSEUM DESIGN IN HUIZHOU

浙江工业大学
ZHEJIANG UNIVERSITY OF TECHNOLOGY

设计者：胡佐凯 金珉子
指导老师：谢 榕

水系

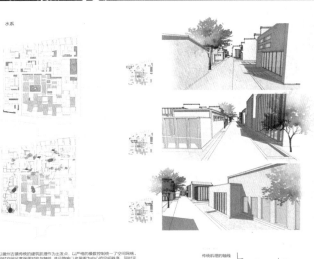

以徽州古镇传统的建筑肌理作为出发点，以严格的模数控制统一了空间网格。同时空间尺度强调对称与轴线，并且隐喻以祠屋庙为中心的空间秩序，同时完成了对称与不对称空间的过渡。

网格分析

传统机理的轴线

本设计的轴线

模拟巷道的空间被置于展览馆内部。用以满足内部空间的连接和路径的设置的需求。运用了园林的进入方式和巷道的空间体验的模式，人在巷道中穿越，同时体验外向的开放和内向的含蓄空间。

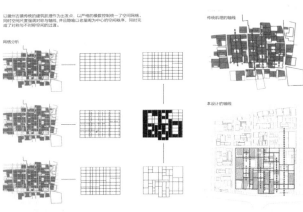

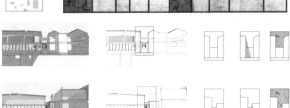

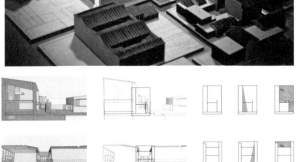

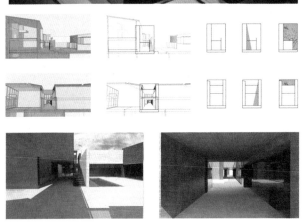

为完善识别体系，设计者借鉴园林手法庭院和采光天井，在展现不同特色大小院落的院落的指引下，空间识路的整图以自然的方式实现，最终形成了概念聚合的建筑特征，形体的影望与空间的沉静融合；外部的凝重与内部的虚空共存；古典的轴线与非对称的空间组织融合。

传统街区保护及徽州艺术展览馆设计
TRADITIONAL BLOCK PROTECTION AND ART MUSEUM DESIGN IN HUIZHOU

浙江工业大学
ZHEJIANG UNIVERSITY OF TECHNOLOGY

设计者：胡佐凯　金珉子
指导老师：谢　榕

4.空间氛围

参观者在游览过程中处于一种介于实体和虚空之间的状态，这种状态增加了空间塑造中实体空间与虚体地所之间的多变组合。

5.形态

以传统徽山墙的外部轮廓与内部界面为外立面设计的出发点，只在屋顶形式上借鉴了传统徽派建筑的坡状交接，以精致细密的不锈钢框模仿山墙的坚硬方正，含蓄的金属光泽隐的投射着环境的浓淡，与画面内与暗的黑白有开的木属顺的仕淡相比。

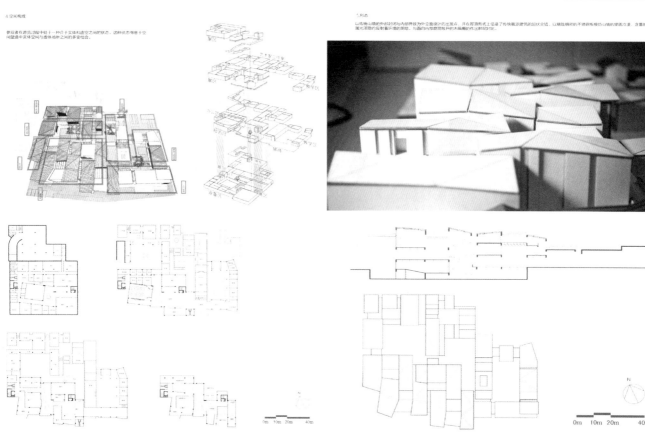

0m 10m 20m 40m

0m 10m 20m 40m

教师评语：西溪南村古村落徽州文化展示馆的场地及单体设计从基地环境出发，考虑了图纸、人车路径、体量、流线等多方面问题，建筑布局紧凑，空间丰富，造型设计既与徽州民居相协调，又有现代感，建筑成果完整。

F部分流线图

F-1

F-4

F-5

6.采光方式

两种采光方式分别被赋予隧道的穿梭体验以及内部空间的观赏体验。同时自然光的存在也使空间流线系统更为自然明确，光与空间交织——内在的园林意向与封闭的外表含，将纪念性和公共性并置再现。

和谐共生

传统街区保护及徽州艺术展览馆设计
TRADITIONAL BLOCK PROTECTION AND ART
MUSEUM DESIGN IN HUIZHOU

浙江工业大学
ZHEJIANG UNIVERSITY OF TECHNOLOGY

设计者：谢舒婕　许晶夏
指导老师：朱恽

■ 村落现状分析

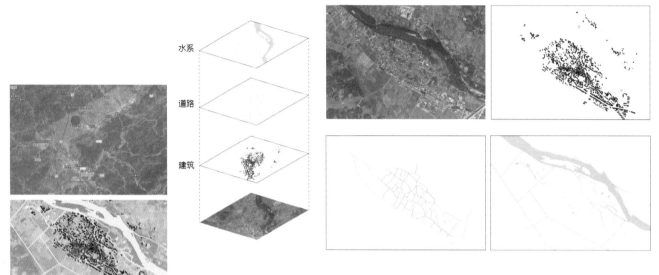

水系
道路
建筑

西溪南镇位于位于安徽省黄山市，处于徽州区西南部，面积为55.5平方公里，1.68万人口。在建设中的铁路黄山站位于西溪南镇境内。西溪南村位于西溪南镇境内，为传统农业大村。2005年底全村有952户。

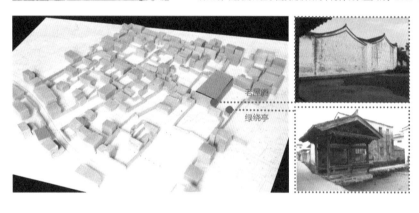

老屋阁
绿绕亭

靠近中街部分，建筑排列紧密，街道界面完整，生活气息较为浓厚。中街结构较为完整。

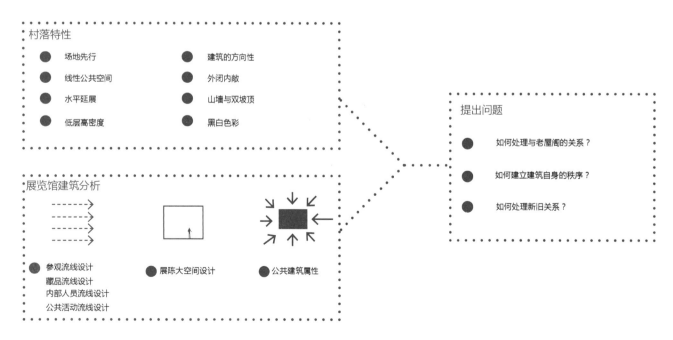

村落特性

● 场地先行　　　　　● 建筑的方向性

● 线性公共空间　　　● 外闭内敞

● 水平延展　　　　　● 山墙与双坡顶

● 低层高密度　　　　● 黑白色彩

提出问题

● 如何处理与老屋阁的关系？

● 如何建立建筑自身的秩序？

● 如何处理新旧关系？

·展览馆建筑分析

● 参观流线设计
　藏品流线设计
　内部人员流线设计
　公共活动流线设计

● 展陈大空间设计　　● 公共建筑属性

和谐共生

传统街区保护及徽州艺术展览馆设计
TRADITIONAL BLOCK PROTECTION AND ART MUSEUM DESIGN IN HUIZHOU

浙江工业大学
ZHEJIANG UNIVERSITY OF TECHNOLOGY

设计者：谢舒婕　许晶夏
指导老师：朱恽

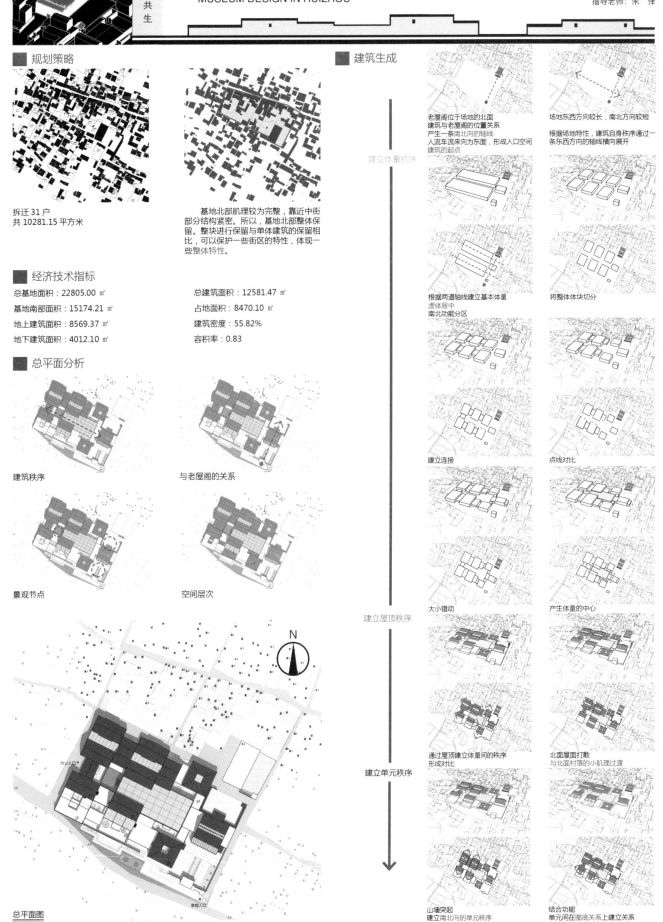

■ 规划策略

拆迁 31 户
共 10281.15 平方米

基地北部肌理较为完整，靠近中街部分结构紧密。所以，基地北部整体保留。整块进行保留与单体建筑的保留相比，可以保护一些街区的特性，体现一些整体特性。

■ 经济技术指标

总基地面积：22805.00 ㎡
基地南部面积：15174.21 ㎡
地上建筑面积：8569.37 ㎡
地下建筑面积：4012.10 ㎡

总建筑面积：12581.47 ㎡
占地面积：8470.10 ㎡
建筑密度：55.82%
容积率：0.83

■ 总平面分析

建筑秩序

与老屋阁的关系

景观节点

空间层次

N

总平面图

建筑生成

建立体量秩序

老屋阁位于场地的北面
建筑与老屋阁的位置关系
产生一条南北向的轴线
人流车流来向为东面，形成入口空间
建筑的起点

场地东西方向较长，南北方向较短

根据场地特性，建筑自身秩序通过一条东西方向的轴线横向展开

根据两道轴线建立基本体量
虚体居中
南北功能分区

将整体体块切分

建立连接

点线对比

大小错动

产生体量的中心

建立屋顶秩序

通过屋顶建立体量间的秩序
形成对比

北面屋顶打散
与北面村落的小肌理过渡

建立单元秩序

山墙突起
建立南北向的单元秩序

结合功能
单元间在图底关系上建立关系

办公入口

参观入口

113

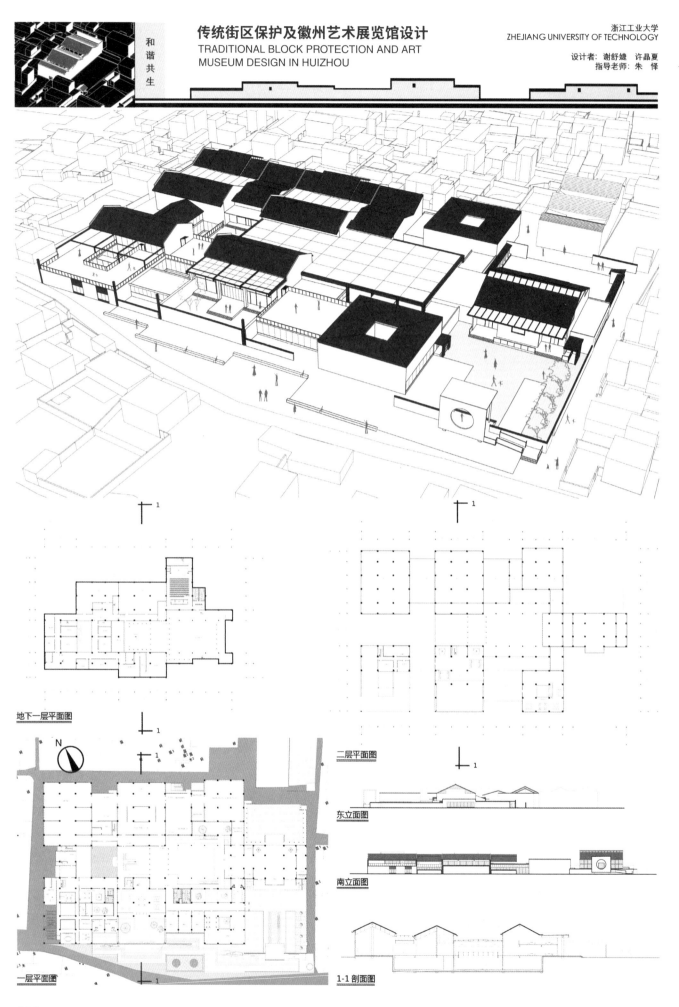

传统街区保护及徽州艺术展览馆设计
TRADITIONAL BLOCK PROTECTION AND ART MUSEUM DESIGN IN HUIZHOU

和谐共生

浙江工业大学
ZHEJIANG UNIVERSITY OF TECHNOLOGY

设计者：谢舒婕 许晶夏
指导老师：朱恂

地下一层平面图

二层平面图

一层平面图

东立面图

南立面图

1-1 剖面图

教师评语：从建筑设计说，方案考虑了三个层次。第一，在入口庭院至保留建筑之间建立轴线秩序与视线联系；第二，建筑由东到西横向展开；第三，建立建筑本体的公共空间及环形路径。从城市设计及古村落保护说，一个面积超过一万平方米的展陈建筑引入古村落的核心，将改变村落的建筑肌理及交通模式，是否合适，值得深吸。如此规模的公共建筑，本地居民能否"消化"，是否有持续性的外来人流值得怀疑。方案对建筑层次的问题有所呼应，而城市设计及公共效益等问题，需要出题者及更多相关人士深思。

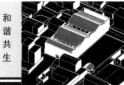

和谐共生

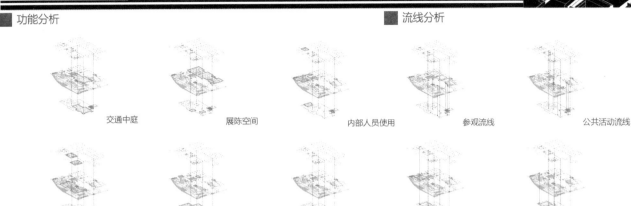

■ 功能分析

交通中庭　　　　展陈空间

对外活动　　　　藏品相关

■ 流线分析

内部人员使用　　参观流线　　　　公共活动流线

设备部分　　　　内部人员流线　　藏品流线

■ 中庭透视

■ 采光设计

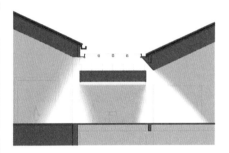

■ 入口序列视线分析

■ 回归场地特性

场地先行	线性公共空间	水平延展	低层高密度	建筑的方向性	外闭内敞	山墙与双坡顶	黑白色彩
与老屋阁建立轴线关系，产生空间序列	中庭为线性空间的扩大	建筑体量水平延展	控制建筑的高度和密度，与村落相结合	建筑坡顶屋脊方向与村落中的屋脊方向一致	建筑中间虚体空间敞开，四周围合	山墙和屋面的组合形成一定的秩序	建筑黑白色彩相搭配

■ 答问

如何处理与老屋阁的关系？

● 通过入口空间序列与老屋阁建立关系。

如何建立建筑自身的秩序？

● 根据场地本身特性，产生东西向和南北向的轴线。

● 通过体量、屋顶、单元多个层次建立建筑的秩序。

如何处理新旧关系？

● 将村落特性在建筑中体现。

● 对建筑北面屋顶和界面的处理，达到与村落相和谐的效果。

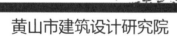

黄山市建筑设计研究院

● 黄山风景区管委会、集团公司、股份公司办公综合楼

建设地点：黄山风景区

项目性质：办公

建设规模：14800m²

获奖情况：全国优秀工程勘察设计行业奖三等奖
  安徽省优秀工程勘察设计行业奖一等奖

项目特色：设计构思体现了现代建筑地域化的一种创作之路。通过对传统徽州民居建筑中的马头墙、内天井、雕刻、地方材料等元素的借鉴和提炼，以适度的比例、尺度、色彩及材质的变化处理，体现现代办公建筑的简洁明快而又不失地方传统的风格特点，同时与周围的山体自然环境相互映衬，相得益彰。

● 黄山市建筑设计研究院办公楼

建设地点：黄山市屯溪区

项目性质：办公

建设规模：10000m²

获奖情况：全国优秀工程勘察设计行业奖三等奖
  安徽省优秀工程勘察设计行业奖一等奖

项目特色：建筑以现代的语言和手法，体现传统风格特点，造型简洁，色调清新明快，灰白对比，通过抽象马头墙符号及细部雕刻构件体现传统徽派建筑元素。

● 黟县梓路寺

建设地点：黄山市黟县

项目性质：宗教建筑

建设规模：8500m²

获奖情况：全国优秀工程勘察设计行业奖三等奖
  安徽省优秀工程勘察设计行业奖一等奖

项目特色：建筑布局融合周边山水环境，依山就势，强调而又不拘泥于轴线关系，因势利导，建筑以现代的结构形式及材料，充分体现"唐风徽韵"，传承历史与文化。

● *黄山市图书馆*

建设地点：黄山市屯溪区
项目性质：图书馆
建设规模：6850m²
项目特色：建筑以现代的语言和手法，蕴含传统徽州民居
特点，白墙灰瓦，大实墙，小洞口，屋面层叠错落，富于
变化而又整体统一，隐含传统村落肌理，又寓意层峦叠嶂
，书山无尽，木格栏栅隐现古祠堂（古书堂）记忆，造型
化整为零，似幢幢深宅大院，富于气势而又尺度宜人，充
满体块感和现代感，简洁明快，清新淡雅。

● *中国徽州文化博物馆*

建设地点：黄山市屯溪
项目性质：博物馆
建设规模：32000m²
获奖情况：安徽省优秀工程勘察设计行业奖一等奖
项目特色：设计立足于时代特色、民族特色和强烈的地域特色，以徽州传统建筑文化内涵及典型建筑语汇的运用组合作为建筑创作的关键点，整体形态体现现代性与地域性的
共生，融合周边自然山水，辅以水街、青石、亭台楼阁园林环境，使得建筑本身就成为徽州建筑文化最直接的一种展示。

● 歙县禾园·清华坊

建设地点：黄山市歙县

项目性质：商住

建设规模：52200m²

获奖情况：安徽省优秀工程勘察设计行业奖二等奖

安徽省土木建筑学会建筑创作奖一等奖

项目特色：布局融合山水环境，依山就势，点条结合，建筑以现代的语言和手法，融汇徽州传统建筑元素，立面构成丰富，色调清新明快，灰白对比，集现代与徽派意韵为一体。

● 歙县新安中学

建设地点：黄山市歙县

项目性质：学校

建设规模：40000m²

获奖情况：安徽省优秀工程勘察设计行业奖一等奖

安徽省土木建筑学会建筑创作奖二等奖

项目特色：建筑以现代的建筑手法，通过虚实与材料的对比及抽象的徽派建筑元素和符号，白墙青瓦映衬在庭园景观之中，整体舒展宜人而不乏气势，格调清新淡雅，简洁明快，融现代感与地域性为一体。

○ 黄山市建筑设计研究院

黄山市建筑设计研究院是拥有建筑工程设计甲级，工程造价咨询、工程建设监理、招投标代理、岩土工程勘察、工程咨询乙级，市政工程设计丙级资质的综合勘察设计单位。内设院长室、总工办、综合部、技术经营部、徽派古建所、设计一所、设计二所、设计三所（市政所）、设备所、岩土工程所、经济所（工程咨询部、造价咨询部、招标代理部）。下属装饰工程公司，控股黄山市建设监理有限公司、蓝鹰图文公司。

院专业设置齐全，所有员工中专业技术人员约占94%，其中安徽省工程勘察设计大师1人，各类专业注册人员50余人。院内有完善的计算机网络应用及管理系统，是ISO9001:2008质量达标认证单位。业务遍布黄山市三区四县及福建、贵州、山东、四川、湖北、江西、浙江、上海等省市。

近年来获奖项目主要有：本院综合办公楼、黄山管委会和股份公司综合楼获部优三等奖、省优一等奖；黄山市示范幼儿园获部优三等奖、省优二等奖；黄山狮林饭店获部鼓励奖、省优二等奖、省结构设计专项三等奖；黟县梓路寺、新安学校、黄山市图书馆、安徽省徽洲文化博物馆获省优一等奖；祁红国际大酒店、香茗酒店、徽商故里大酒店、黄山翡翠宾馆、禾园.上院住宅小区等获省优二等奖；"黄山风景区北大门停车场"、"黄山市检察院侦查办案指挥中心"获三等奖；黄山市委市政府大楼暖通专项设计获省优三等奖等。

黄山市建筑设计研究院先后承担国家建筑标准设计"地方传统建筑（徽州地区）"（GJBT-652）和安徽省工程建设标准设计"坡屋面"（DBJT11-115）图集的编制和修编工作，为安徽省"新农村建设农民建房通用图集"提供多套入选方案，并一直致力于新工艺推广、新技术应用。先后荣获"全国诚信单位"、国家勘察设计行业"创新型优秀企业"、工程勘察设计行业"实施信息化建设先进单位奖"、"全省建设系统发展创新工程先进集体"、安徽省"劳动竞赛先进集体"、安徽省"A级纳税信用单位"、安徽省"重合同守信用"单位、"黄山市科学技术奖"、"科技兴市先进集体"等荣誉。洪祖根院长获全国勘察设计行业 "优秀企业家（院长）"表彰。2010年作为依托单位，联合安徽建筑大学、合肥工业大学成立了"安徽省徽派建筑工程技术研究中心"，先后承担多个省级科研项目和一项国家科研课题。2012年成立了"安徽省黄山市建筑设计研究院院士工作站"。秉承"诚信、务实、优质、高效"的经营宗旨，黄山市建筑设计研究院将充分发挥人才、技术、管理优势，一如既往地奉献设计精品、服务社会、再创佳绩。

地　址：黄山市屯溪区新潭齐云大道35—1
电　话：86-559-2517410（经营部）、86-559-2517387（综合部）
邮　编：245000
邮　箱：2513998@vip.sina.com